教育部人文社科项目

深圳市科创委技术攻关项目

大数据分布式并行处理技术

——基于天云星数据库的交通管理大数据处理

向怀坤　陈晓攀　熊志强　刘义宗　著

西安电子科技大学出版社

内 容 简 介

本书立足于当前公安交通管理领域利用 Hadoop 技术在处理非互联网行业大数据时存在的低效问题，基于天云星数据库(SCSDB)对结构化大数据分布式并行处理技术进行了介绍。全书共 7 章，主要内容包括概论、天云星数据库基础、数据库对象管理、SCSDB 安全管理、SCSDB备份与还原、数据库监控与调优、数据导入与导出。在介绍理论知识的同时，本书在文中还穿插了公安交通管理大数据处理应用案例。

本书适用于高校计算机科学与技术、交通信息工程及控制、智能交通技术等专业，也可供大数据、软件工程、人工智能等领域的专业技术人员参考。

图书在版编目（CIP）数据

大数据分布式并行处理技术：基于天云星数据库的交通管理大数据处理 / 向怀坤等著. —西安：西安电子
科技大学出版社，2018.7(2019.4 重印)
ISBN 978-7-5606-4961-0

Ⅰ. ① 大… Ⅱ. ① 向… Ⅲ. ① 统计数据—分布式数据—处理 Ⅳ. ① O212

中国版本图书馆 CIP 数据核字(2018)第 145300 号

策划编辑　李惠萍
责任编辑　秦媛媛　阎　彬
出版发行　西安电子科技大学出版社(西安市太白南路 2 号)
电　　话　(029)88242885　88201467　　　邮　　编　710071
网　　址　www.xduph.com　　　　　　电子邮箱　xdupfxb001@163.com
经　　销　新华书店
印刷单位　陕西天意印务有限责任公司
版　　次　2018 年 7 月第 1 版　　2019 年 4 月第 2 次印刷
开　　本　787 毫米×1092 毫米　1/16　印　张　15
字　　数　351 千字
印　　数　2001～3000 册
定　　价　36.00 元

ISBN 978-7-5606-4961-0/O

XDUP 5263001-2

如有印装问题可调换

前　言

伴随着以互联网、即时通信与智能终端等为代表的新一代信息技术的飞速发展及广泛应用，各行各业累积的数据开始爆炸式增长，在此背景下诞生了大数据(Big Data)概念。随着大数据概念从提出到落地，大数据产业即以一日千里的速度向前发展。全球多家权威机构统计，大数据产业正在迎来黄金发展时期。据互联网数据中心(Internet Data Center，IDC)预计，大数据和分析市场将从 2016 年的 1300 亿美元增长到 2020 年的 2030 亿美元以上；中国报告大厅发布的大数据行业报告表明，自 2017 年起，我国大数据产业迎来飞速发展，未来 2～3 年的市场规模增长率将保持在 35%左右。

在各个大数据细分领域中，公安交通管理行业所生成的交通大数据占据了重要地位。我国于 20 世纪 90 年代开始大力发展城市智能交通系统，从国家到地方高度重视，到目前为止基本建立起覆盖道路、轨道、水运等交通运输方式在内的多模式智能交通系统(Intelligent Transportation System，ITS)。以城市道路交通管理与控制为例，我国绝大部分城市已经建立了较完善的视频监控、交通检测、信号控制、交通诱导、车辆导航等智能化交通管控系统。这些系统每天将产生超过拍字节(PB)级的交通大数据，如何对这些交通大数据进行"加工"处理，从中挖掘出有用的"知识"，为诸如路况预测、风险规避、交通救援、事故鉴定等业务应用提供"增值"服务，是我国目前交通管理大数据亟待研究解决的重要课题。

与其他行业如电子商务、互联网页等产生的大数据相比，公安交通管理行业不仅包含海量的非结构化数据(如交通图像、违法视频等)，还包含海量的结构化数据。因此，针对公安交通管理大数据的数据采集、数据存储、数据挖掘与数据分析等大数据技术开发，需要进一步结合行业应用展开。针对 Hadoop 技术在处理非互联网行业(如政府、企业等)大数据时存在的低效问题，本书基于天云星数据库(SCSDB)在城市道路公安交通管理结构化大数据处理中的实战案例，重点对城市道路交通警务结构化大数据处理技术进行了分析论述。

全书分为 7 章。第 1 章为概论，主要包括大数据发展概况、大数据技术架构、大数据关键技术以及公安交通管理大数据概述；第 2 章介绍了天云星数据库基础，主要包括天云星数据库概述、天云星数据库安装、天云星数据库运维和管理；第 3 章介绍了数据库对象管理，包括数据库对象的命名规则、数据库管理、数据表管理、索引管理、视图管理和序列号管理；第 4 章介绍了 SCSDB 安全管理，主要包括 SCSDB 账户管理、SCSDB 权限管理和数据库审计；第 5 章介绍了 SCSDB 备份与还原，主要包括 SCSDB 实时备份机制和 SCSDB 冷备份；第 6 章介绍了数据库监控与调优，主要包括系统监控、数据库监控、数据库调优以及公安交通大数据应用案例；第 7 章介绍了数据导入与导出，主要包括使用 SOURCE 命令导入数据、使用重定向功能导出数据、使用 LOAD DATA 命令导入数据、使用易镜进行数据的导入和导出、使用 SYNCD 进行数据同步以及使用 Kettle 进行数据抽取。为方便读者阅读，本书最后提供了两个附录文件，一个是 SCSDB 的数据类型，另一个是公安交通警务大数据案例表结构。

本书由深圳职业技术学院向怀坤博士主持编写，其中第 1～4 章、第 6 章由向怀坤、陈晓攀完成；第 5 章、第 7 章、附录 B 由熊志强完成；附录 A 由刘义宗完成。另外，梁嘉、王峰、黄秀、毛立洁参与了全书插图、表格、数据、案例等的编辑整理工作。

　　大数据分析技术还在不断发展之中，书内参考了近年来该领域公开发表的大量文献，在此对相关著作者表示诚挚的谢意。由于作者理论水平和实践经验有限，本书内容难免存在欠缺与疏漏，恳请广大读者批评指正。

著　者

2018 年 3 月于深圳

目　　录

第 1 章 概 论

1.1 大数据发展概况

伴随着计算机技术、移动互联网技术、人工智能技术等的飞速发展，各行各业都开始走向与互联网融合的道路，特别是各类应用软件、社交网站、行业网站等不断地融入人们的生活，导致各类数据呈现爆炸式增长趋势，人类因此进入到大数据时代。

大数据的快速发展可追溯到 2000 年前后。当时互联网网页量快速增长，据不完全统计，每天新增约 700 万个网页，到 2000 年年底，全球网页数达到 40 亿。如此多的网页，让用户检索信息越来越不方便，为此谷歌(Google)、亚马逊(Amazon)等公司率先建立了覆盖数十亿网页的索引库，开始提供较为精确的搜索服务，从而大大提升了人们使用互联网的效率，这是大数据应用的起点。针对当时网页数据不仅数量庞大，而且以非结构化为主，传统的搜索引擎和处理技术难以处理的问题，Google 公司率先提出了一套以分布式为特征的全新技术体系，即后来陆续公开的分布式文件系统(Google File System，GFS)、分布式并行计算(MapReduce)和分布式数据库(Big Table)等技术，这些技术奠定了当前大数据技术的基础。

伴随互联网产业的崛起，这种创新的海量数据处理技术在电子商务、定向广告、智能推送、网络社交等领域得到了全面应用，取得了巨大的商业成功。这一现象启发了全社会开始重新审视数据的巨大价值，于是金融、电信等拥有大量数据的行业开始尝试这种新的理念和技术，并取得了初步成效。与此同时，业界也在不断地对 Google 公司的技术体系进行改进和扩展，使之能适用于更多的场景。2011 年，麦肯锡、世界经济论坛等知名机构对这种数据驱动的创新进行了研究总结，随即在全世界掀起了一股大数据热潮。

进入 2012 年，大数据(Big Data)一词越来越多地被提及，人们用它来描述和定义信息爆炸时代产生的海量数据，并命名与之相关的技术发展与创新。国际数据中心(IDC)在 2012 年的数据统计中表明，非结构化数据约占互联网数据总量的 75%。IDC 官方的《数字宇宙》(Digital Universe)的研究报告预测，到 2020 年，全世界新建和复制的数据量将会超过 40 ZB，增长至 2012 年的 12 倍。与此同时，中国的数据量将会在 2020 年接近 9 ZB，相比 2012 年将增长近 22 倍。

大数据概念第一次被创造出来是在 2008 年 9 月 4 日 Google 公司成立 10 周年之际。此后不久，《自然(Nature)》期刊推出了大数据专辑，包括了 8 篇大数据专题文章和 1 篇编者按。虽然大数据已成为全社会的热议话题，但到目前为止，对大数据仍无一个统一的定义。麦肯锡对大数据的定义是：大数据是指那些规模大到传统的数据库软件工具已经无法采集、存储、管理和分析的数据集。研究机构 Gartner 认为：大数据是指需要新处理模式才能具有更强的决策力、洞察发现力和流程优化能力的海量、高增长率和多样化的信息资产。一般来说，大数据是具有体量大、结构多样、时效性强等特征的数据；处理大数据需要采用新型计算架构和智能算法等新技术；大数据的应用强调以新的理念应用于辅助决策、发现新知识，同时更强调在线闭环的业务流程优化。

从技术上看，大数据与云计算的关系就像一枚硬币的正反面一样密不可分。大数据必然无法用单台计算机进行处理，必须采用分布式架构。大数据的特色在于对海量数据进行分布式数据挖掘，但必须依托云计算的分布式处理、分布式数据库和云存储、虚拟化技术等。

1.2　大数据技术架构

随着大数据的容量和其复杂性的快速增长，对原有的 IT 架构及其计算与处理都提出了新的挑战。2003 年，Google 的三篇论文奠定了大数据技术的发展基础，经过多年的发展，在大数据处理方面已经诞生了大量分布式数据处理技术和分布式处理框架，从最开始的 Hadoop 分布式系统到后来的内存处理系统 Spark，数据实时处理系统 Storm、Flink 等，这些分布式技术及其生态圈的发展已经形成了一套完整的大数据解决方案和应用架构。

由于大数据来源于互联网、企业系统和物联网等信息系统，因此从总体上来看大数据技术应用需求是通过对大数据处理系统的分析挖掘来产生新的知识，从而支撑行业企业决策或业务的自动智能化运转的。由此可知，不同行业、不同业务其大数据技术构架的设计会有所不同。下面分别从大数据准备、大数据存储、大数据计算、大数据分析和大数据展示这五个层面来简述大数据处理系统的技术构架，如图 1-1 所示。

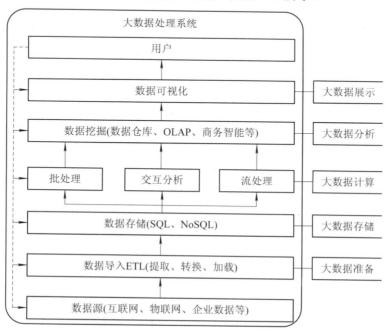

图 1-1　大数据处理技术框架

大数据准备是大数据处理系统的基础部分。大数据的来源有很多渠道，因不同行业应用而不同，如互联网、物联网、电子商务、智慧交通等。在获得海量数据进行存储和处理之前，需要对这些数据进行清洗、整理，如提取、转换和加载等，传统数据处理体系中称为 ETL(Extracting, Transforming, Loading) 过程。与以往数据分析相比，大数据的来源多种多样，包括企业内部数据库、互联网数据和物联网数据，不仅数据体量庞大、格式不一，质量也良莠不齐。这就要求进行大数据准备，一方面要规范数据格式，便于后续存储管理，另一方面要在尽可能保留原有语义的情况下去粗取精、消除噪声。

　　在完成大数据导入即大数据准备后，要求采用高效的数据存储方案对海量数据进行存储管理。当前全球数据量正在以每年超过 50% 的速度增长，存储技术的成本和性能都面临非常大的压力。大数据存储系统不仅需要以极低的成本存储海量数据，还要适应多样化的非结构化数据管理需求，具备数据格式上的可扩展性。随着大数据技术的日趋完善，各大公司及开源社区陆续发布了一系列新型数据库来解决海量数据的组织、存储及管理，如 HBase、Spark、Redis、MemcacheDB、Storm 和 SCSDB(天云星数据库)。

　　大数据计算部分是在大数据存储管理的基础上，重点解决数据计算分析所需要的算法、处理速度与计算资源分配等问题，需要根据处理的数据类型和分析目标，采用适当的算法模型，如批处理、交互分析、流处理等，快速处理各类数据。海量数据处理将消耗大量的计算资源，对于传统的单机系统或并行计算技术而言，速度、可扩展性和成本都难以适应大数据计算分析的新需求，在此背景下分布式并行计算成为大数据的主流计算架构，但在某些特定的场景下，分布式并行计算的实时性和计算效率还需要大幅度提升。

　　大数据分析是指从纷繁复杂的数据中发现规律，提取新的知识，也就是数据挖掘的主要工作内容，这是实现大数据价值的关键环节。传统的数据挖掘对象多是结构化、单一对象的小数据集，挖掘时更侧重根据先验知识预先通过人工手段建立数学模型，然后依据既定的模型对数据进行分析挖掘。对于非结构化、多源异构的大数据集而言，往往缺乏先验知识，因而很难建立显式数据模型，这就需要研究开发更加智能化的数据挖掘方法。

　　经过大数据分析后，需要结合具体的行业应用，通过适当的形式展示大数据分析结果。从大数据服务于决策支撑的场景来看，以直观的方式将分析结果呈现给用户，是大数据分析的重要环节。如何让复杂的分析结果易于理解，是这一部分工作面临的主要挑战。在嵌入多业务中的闭环大数据应用中，一般是由机器根据算法直接应用分析结果，无需人工直接干预，这种场景下大数据分析结果的展现则不是必需的。

1.3　大数据关键技术

1.3.1　大数据存储管理技术

　　面对数据海量化和快速的增长需求，要求大数据存储管理系统的底层硬件架构和文件系统的性价比必须大大高于传统技术，存储容量应可以无限制扩展，且要求有很强的容错能力和并发读写能力。

传统的网络附着存储系统(NAS)和存储区域网络(SAN)等体系,其存储和计算的物理设备分离,相互之间要通过网络接口连接,这导致在进行数据密集型计算时,I/O容易成为瓶颈。同时,传统的单机文件系统(如 NTFS)和网络文件系统(NFS)要求一个文件系统的数据必须存储在一台物理机器上,且不提供数据冗余性,其可扩展性、容错能力和并发读写能力难以满足大数据需求。

谷歌文件系统(Google File System,GFS)和 Hadoop 的分布式文件系统 HDFS(Hadoop Distributed File System)奠定了大数据存储技术的基础。与传统存储系统相比,GFS/HDFS将计算和存储节点在物理上结合在一起,从而避免在数据密集计算中形成 I/O 吞吐量的制约,同时这类分布式存储系统的文件系统也采用了分布式架构,能达到较高的并发访问能力,如图 1-2 所示。

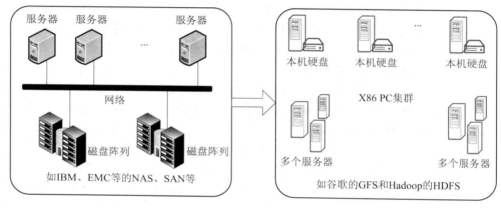

图 1-2　大数据存储架构的变化

随着大数据时代应用范围的不断扩展,GFS 和 HDFS 也面临诸多瓶颈。虽然 GFS 和 HDFS 在大文件的追加(Append)写入和读取时能够获得很高的性能,但对于随机访问(Random Access)和海量小文件的频繁写入等需求而言,其工作性能较低,这导致其在某些应用领域很难得到推广。业界当前和下一步的研究重点主要是在硬件上进行功能拓展,特别是研究开发基于 SSD 等新型存储介质的存储体系架构,同时对现有分布式存储文件系统进行改进,以提高随机并发访问和海量小文件存取等操作的性能。

大数据对存储技术的另一个挑战是处理多样化数据格式的适应能力。格式多样化是大数据的主要特征之一,为此需要大数据存储管理系统能够适应各种结构化和非结构化数据,并对各种类型的数据进行高效处理。数据库的一致性(Consistency)、可用性(Availability)和分区容错性(Partition-Tolerance)不可能都达到最佳,在设计存储管理系统时,需要在这三个方面做出权衡。传统的关系型数据库管理系统以支持事务处理为主,采用了结构化数据表管理方式,满足了一致性要求而牺牲了可用性。为大数据设计的非关系型数据库(NoSQL,即 Not only SQL)如 Google 的 BigTable 和 Hadoop HBase 等通过使用"键-值"(Key-Value)对、文件等非二维表结构,具有很好的包容性,适应了非结构化数据多样化的特点。同时,这类 NoSQL 数据库主要面向分析型业务,但其一致性要求则有所降低。整体来看,未来大数据的存储管理技术将进一步把关系型数据库的操作便捷性和非关系型数据库的灵活性结合起来,研发新的融合型数据存储管理技术。

1.3.2 大数据并行计算技术

大数据的分析挖掘属于一种数据密集型计算模式,需要强大的计算能力。与传统的"数据简单、算法复杂"的高性能计算不同,大数据的计算对计算单元和存储单元间的数据吞吐率要求极高,对性价比和扩展性要求也非常高。传统的依赖大型机和小型机的并行计算系统不仅成本高,数据吞吐量也难以满足大数据计算要求,同时靠提升单机 CPU 的性能、增加内存、扩展磁盘等来实现性能提升的纵向扩展(Scale Up)的方式也难以支撑平滑扩容。

Google 公司在 2004 年公开的 MapReduce 分布式并行计算技术,是新型分布式计算技术的代表。一个 MapReduce 系统由廉价的通用服务器构成,通过添加服务器节点可线性扩展系统的总处理能力(Scale Out),在成本和可扩展性上都有巨大优势。MapReduce 是 Google 公司内部网页索引、广告等核心系统的基础。之后出现的 Apache Hadoop 是 MapReduce 的开源实现,已经成为目前应用最广泛的大数据计算软件平台。MapReduce 架构能够满足"先存储后处理"的离线批量计算(Batch Processing)需求,但也存在局限性,最大的问题是时延过大,难以适用于机器学习迭代、流处理等实时计算任务,也不适合针对大规模图数据等特定数据结构的快速计算。

针对上述问题,业界在 MapReduce 基础上,提出了多种不同的并行计算技术路线。如 Yahoo 提出的 S4 系统、Twitter 的 Storm 系统是针对"边到达边计算"的实时流计算(Real Time Streaming Process)框架,可在一个时间窗口上对数据流进行在线实时分析,已经在实时广告、微博等系统中得到应用。Google 公司于 2010 年公布的 Dremel 系统,是一种交互分析(Interactive Analysis)引擎,几秒钟就可完成 PB(1PB = 2^{50}B)级数据查询操作。此外,还出现了将 MapReduce 内存化以提高实时性的 Spark 框架、针对大规模图数据进行了优化的 Pregel 系统等。

对于不同计算场景建立和维护不同计算平台的做法,硬件资源难以复用,管理运维也很不方便,研发适合多种计算模型的通用架构成为业界的普遍诉求。为此,Apache Hadoop 社区在 2013 年 10 月发布的 Hadoop 2.0 中推出了新一代的 MapReduce 架构,见图 1-3。新架构的主要变化是将旧版本 MapReduce 中的资源管理和任务调度功能分离,形成一层与任务无关的资源管理层(YARN)。YARN 对下负责物理资源的统一管理,对上可支持批处理、流处理、图计算等不同模型,为统一大数据平台的建立提供了新平台。基于新的统一资源管理层开发适应特定应用的计算模型,仍将是未来大数据计算技术发展的重点。

```
┌─────────────────────────────────────┐
│            Hadoop 2.X               │
│  ┌──────────────┐  ┌──────────────┐ │
│  │  MapReduce   │  │   Others     │ │
│  │  海量数据处理  │  │   数据处理    │ │
│  └──────────────┘  └──────────────┘ │
│  ┌─────────────────────────────────┐│
│  │    YARN集群资源调度管理           ││
│  └─────────────────────────────────┘│
│  ┌─────────────────────────────────┐│
│  │    HDFS海量数据存储              ││
│  └─────────────────────────────────┘│
└─────────────────────────────────────┘
```

图 1-3 Hadoop 2.X 核心模块

1.3.3 大数据查询和分析技术

大数据查询和分析技术的发展需要在两个方面取得突破:其一是对体量庞大的结构化和半结构化数据进行高效率的深度分析,挖掘隐性知识,如从自然语言构成的文本网页中理解和识别语义、情感、意图等;其二是对非结构化数据进行分析,将海量复杂多源的语音、图像和视频等数据转化为机器可识别的、具有明确语义的信息,进而从中提取出有用的知识。在人类全部数字化数据中，仅有非常小的一部分(约占总数据量的 1%)数值型数据得到了深入分析和挖掘(如回归、分类、聚类)，大型互联网企业对网页索引、社交数据等半结构化数据进行了浅层分析(如排序)，对占总量近 60%的语音、图片、视频等非结构化数据还难以进行有效的分析。

目前的大数据查询和分析主要有两条技术路线：一是凭借先验知识，通过人工建立数学模型来查询和分析数据；二是通过建立人工智能系统，使用大量样本数据进行训练，让机器代替人工获得从数据中提取知识的能力。由于占大数据主要部分的非结构化数据往往模式不明且多变化，因此难以靠人工建立数学模型去进行数据挖掘。通过人工智能和机器学习技术来查询和分析大数据，被业界认为具有很好的发展前景。2006 年 Google 等公司的科学家根据人脑认知过程的分层特性，提出增加人工神经网络层数和神经元节点数量，加大机器学习的规模，构建深度神经网络，可提高训练和识别效果。这一观点在后续试验中得到了证实，最有名的当数 2016 年、2017 年的"人机围棋大战"事件，即 Google 公司的人工智能围棋软件 AlphaGo 轻松战胜世界围棋名将李世石、柯洁等人，体现了深度神经网络的威力。这一事件引起了工业界和学术界的高度关注，使得神经网络技术重新成为数据分析技术的热点。目前，基于深度神经网络的机器学习技术已经在语音识别和图像识别方面取得了很好的效果，但未来深度学习要在大数据分析上广泛应用，还有大量理论和工程问题需要解决，主要包括模型迁移适应能力，以及超大规模神经网络的工程实现等。

1.3.4 大数据可视化技术

大数据可视化技术是指利用计算机图形学及图像处理技术，将数据转换为图形或图像形式显示到屏幕上，并进行交互处理的理论和方法的统称。它涉及计算机视觉、图像处理、计算机辅助设计、计算机图形学等多个领域，成为一项研究数据表示、数据处理、决策分析等问题的综合技术。为实现信息的有效传达，数据可视化应兼顾美学功能，直观地传达出关键的特征，便于挖掘数据背后隐藏的价值。

大规模数据的可视化和绘制主要是基于并行算法设计的技术，合理利用有限的计算资源，高效地处理和分析特定的数据集的特性。很多情况下，大规模数据可视化的技术通常会结合多分辨率表示等方法，以获得足够的互动性能。在面向大规模数据的并行可视化工作中，主要涉及以下四种基本技术。

(1) 数据流线化(Data Streaming)：是将大数据分为相互独立的子块后依次进行处理，其中离核渲染(Out-of-Core Rendering)是数据流线化的一种重要形式，在数据规模远大于计算资源时这是一类主要的可视化手段。它能够处理任意大规模的数据，同时也能提供更有效的缓存使用效率，并减少内存交换，但通常这类方法需要较长的处理时间，不能提供对数据的交互挖掘。

(2) 任务并行化(Task Parallelism)：是指把多个独立的任务模块进行平行处理。该方法要求将一个算法分解为多个独立的子任务，并需要相应的多重计算资源。其并行程度主要受限于算法的可分解粒度以及计算资源中节点的数目。

(3) 管道并行化(Pipeline Parallelism)：是指能同时处理各自面向不同数据子块的多个独立的任务模块。对于任务并行化和管道并行化两类方法，如何达到负载的平衡是其关键点。

(4) 数据并行化(Data Parallelism)：是将数据分块后进行平行处理，通常称为单程序多数据流模式。该方法能达到高度的平行化，并且在计算节点增加时可以达到较好的可扩展性。对于超大规模的并行可视化处理，节点之间的通信效率往往是重要的制约因素，实践表明，提高数据的本地性可以大大提高系统的运行效率。

以上这些技术在实践中往往相互结合，从而构建出一个更高效的解决方案。虽然数据可视化日益受到关注，可视化技术也日益成熟。然而，当前大数据可视化仍存在许多问题，且面临着巨大的挑战。数据可视化面临的挑战主要指可视化分析过程中数据的呈现方式，包括可视化技术和信息可视化显示。目前，数据简约可视化研究中，高清晰显示、大屏幕显示、高可扩展数据投影、维度降解等技术都试着从不同角度解决这些难题，在可预见的未来，大数据的可视化问题仍会是一个重要的挑战。

1.4   公安交通管理大数据概述

1.4.1   交通行业信息化发展历程

自 1975 年成立交通部(现为交通运输部，下同)计算机应用研究所至今，交通信息化的发展建设已历时 40 多年。交通运输行业为适应交通运输发展的需要，对交通信息化发展进行了不断的探索，我国交通信息化经历了从无到有、从有到精、由点到面的发展历程，到目前为止初步建成了日趋完善的交通信息化体系，可分为三个不同特征的发展阶段。

1. 单机应用阶段

我国于 1989 年出台《交通运输经济信息系统(TEIS)——"八五"发展计划》，这被看成是我国交通运输信息化起步的标志。同年交通部计算机应用研究所更名为中国交通信息中心，被赋予其行业信息化管理职能，统筹我国交通行业的信息化建设和发展。20 世纪 70 年代，北京、上海、广州等大城市开始了交通信号控制的研究与开发，单点定周期交通信号控制器和配套的车辆检测、网络通信等设备得到了快速发展。到 20 世纪 80 年代后期，我国开始尝试交通智能化管理的基础研究工作，尝试在交通信息采集、驾驶员考试培训、车辆动态识别等领域应用信息技术。

2. 部门应用阶段

20 世纪 90 年代前期，我国开始密切关注国际智能交通系统(Intelligent Transportation System，ITS)的发展，于"九五"期间，交通部制定了《公路、水运交通运输信息化"九五"规划和 2010 年远景目标》，开展交通运输信息网络(CTInet)建设。"十五"期间，无论公路、水路运输还是城市交通均得到了有力的信息化建设支持。随着 ITS 理念被正式引入我国，1999 年经科技部批准，国家智能交通系统工程技术研究中心(National Center of ITS Engineering & Technology, ITSC)(以下简称"国家 ITS 中心")正式成立。《公路水路交通信息化"十五"发展规划》提出围绕政府办公、行业监管、现代物流三大领域开展信息化建设。这段时期，我国交通运输行业基础信息网络基本完善，各部门业务应用逐步覆盖。2000年，科技部会同国家计委、经贸委、公安部、铁道部、交通部、建设部、信息产业部等几十个部、委、局联合建立了"全国智能运输系统协调领导小组"及办公室，并成立了 ITS 专家咨询委员会。2001 年，在科技部和交通部的支持下，国家 ITS 中心完成了"中国国家

ITS 体系框架研究"和"国家 ITS 标准体系研究"等课题。城市交通方面，2002 年 4 月，科技部正式批复"十五"国家科技攻关"智能交通系统关键技术开发和示范工程"重大项目，北京、上海、天津等 10 个城市作为首批试点城市，以城市、城际道路运输为主要实施对象，开展了交通管理与控制系统、智能公交调度、综合交通信息平台等领域的研究与应用示范。

3．整合应用阶段

随着《公路水路交通运输信息化"十一五"发展规划》(2006 年)的实施，全国开始推行省级公路信息资源整合和服务试点工程。国家 863 计划设立了"现代交通技术领域"，并针对 ITS 技术部署了一批前沿和前瞻性项目，在智能化交通控制技术，交通信息采集、处理及服务技术，车辆运行状态监控与安全预警等领域取得了实质性进展。借 2008 年北京奥运会、2010 年上海世博会、2010 年广州亚运会等大型活动举办之机，科技部于 2006 年启动实施了"国家综合智能交通技术集成应用示范"科技计划项目，交通智能化管理与动态诱导技术、跨区域联网不停车收费技术、远洋船舶及货物运输在线监控等关键技术得到了重点突破，北京、上海、广州、深圳等一线城市在城市公交、交通管理、出行服务等方面均开展了深入的建设，积累了许多实践经验，为城市客货运输提供了更加优质的服务。

《公路水路交通运输信息化"十二五"发展规划》(2011 年)提出了坚持资源共享和业务协同的发展理念；住房和城乡建设部在全国 193 个城市开展"智慧城市"试点工作。2013 年交通运输部杨传堂部长发表《加快推进科技创新为"四个交通"建设提供坚实支撑》的讲话，正式提出了"智慧交通"的发展理念。这一时期，我国交通运输行业信息化建设全面推进，部省联动、共建共享得到加强，资源开发利用水平大幅提升，公众服务水平明显提高。2016 年交通运输部印发《交通运输信息化"十三五"发展规划》，提出紧扣国家战略、结合行业实际、加强顶层设计、深化行业整体应用、依托政企合作和打造服务新生态的发展理念。随着"互联网+"、大数据上升为国家战略，"十三五"期间我国交通运输行政改革正在全面深化，综合运输发展也将全面转型，将着重解决行业基础信息碎片化问题、行业应用整体性问题和行业信息推进策略与保障机制问题，将突出行业基础信息的集聚、共享和开放，形成行业大数据能力，突出应用的综合性、整体性和协同性，提升交通运输综合治理能力，最终形成政府、市场、公众共同参与，多方共赢的交通运输信息化治理体系。

1.4.2　公安交通管理大数据现状

随着我国经济的飞速发展和城市化进程的加速，人、车、路的矛盾日益突出，交通拥堵、交通事故频发等问题早已从一线城市蔓延至二、三线城市，仅凭传统的"人海战术、人力作业、人工运转"的管理模式已无法解决当前交通管理存在的问题。

近几年，是公安交通管理信息化大跃进、信息大爆炸的时代，公安交通管理信息化经历了从无到有，从信息孤岛到大集中、优整合、高共享的建设高潮。2011 年，交通运输部交管局在全国推广应用了"公安交通管理综合应用平台"，统一了业务系统，规范了业务流程，是公安交通管理信息化建设中里程碑式的发展。

为持续实现"科技强警，向科技要警力、向科技要战斗力"，各地公安交通管理部门不断加大交通管理信息化建设力度，各类传感器、高清卡口和信息终端已遍布整个城市。这些设备以及信息系统每天都为交通管理者提供了海量的数据。这些全方位、多渠道、全覆盖的海量立体数据，标志着公安交通管理信息化进入了大数据时代。然而，受传统存储技术、数据库技术的限制，这些宝贵的信息资源没有得到充分利用，不是作为过程数据被删除，就是当作陈旧数据被清理，仅存的一部分也长期搁置，任其沉睡。

如何唤醒和充分利用这些信息宝库，将数据处理分析与我们的交通管理工作相结合，探索出新的交通管理模式，全面提升道路交通科学管理水平，提高社会效益，是进入大数据时代公安交通管理部门面临的主要问题。

以省会城市为例，每天产生超过 2000 万条的交通卡口数据，每年约产生 73 亿条卡口过车数据，随着卡口设备的不断投入，数据还将呈逐年上升趋势。传统的数据库技术已经不能有效管理如此庞大的数据，且数据不能跨平台碰撞，不能充分挖掘卡口数据价值来大幅提高公安交通管理水平和执法水平。

大数据分析为智能交通发展带来新的机遇：一是大数据技术的海量数据存储和高效计算能力，将实现交通管理系统跨区域、跨部门的集成和组合，将会更加有效地配置交通资源，从而大大提高交通运行效率、安全水平和服务能力；二是交通大数据分析将为交通管理、决策、规划和运营、服务以及主动安全防范带来更加有效的支持；三是基于交通大数据的分析为公共安全和社会管理提供了新的理念、模式和手段。

通过交通管理大数据平台的建设，全面推进公安交警信息资源高度整合共享和综合开发利用，构建面向公安交通管理的"交通管理大数据资源池"，创新性地利用大数据管理技术，以提高公安海量数据的稽查布控、数据查询、分析性能和数据管理的应用水平，并为今后公安交通管理大数据决策、大数据分析、大数据作战、大数据监管、大数据服务打下坚实基础。

1.4.3　公安交通管理大数据应用需求

经过多年来的信息化建设，我国各地公安交警大队已建设应用了智能交通管理指挥系统、交通流检测系统、接处警系统、信号控制系统、交通诱导系统、电子警察系统、卡口监控系统、道路交通事故处理信息系统、违法文书制作系统、滞留停车场系统、涉酒人员处罚跟踪系统，基本实现了日常交通管理的信息化。交通数据种类越来越多，数据量越来越大，对交通数据进行数据挖掘、分析的需求也越来越迫切，比如：

(1) 交通流量分析，统计全市各路段的各个时段的交通流量。

(2) 假牌车分析，通过分析假牌车的活动规律，对假牌车进行精准打击。

(3) 隐患驾驶分析，如某人驾照被注销，但该驾驶人名下的车辆仍活跃在路面上，那么其"无证驾驶"的隐患几率极大，需要对这些车辆进行重点监控。

(4) 车辆所属地分析，分析路面上活跃的车辆的所属地，为交通治堵提供数据依据。

(5) 车辆模糊查询，目击证人只记得车牌的部分号码，通过模糊查询快速找出所有嫌疑的车辆的行驶轨迹。

1.4.4　公安交通管理大数据总体架构

随着大数据技术的快速发展，以及我国智能交通的不断完善，基于先进的云计算、移动互联网、物联网、区块链等技术构建我国公安交通管理大数据总体架构也已基本成型。

总体而言，我国公安交通管理大数据总体架构可分为公安交通管理大数据感知层、公安交通管理通信网络层和公安交通管理业务应用层三个层次(如图1-4所示)。公安交通管理大数据感知层由各种具有交通感知能力的设备组成，主要用于感知和处理交通中发生的各类事件和数据；公安交通管理通信网络层包括各种通信网络形成的承载介质，可以将公安交通管理大数据感知层采集和处理的信息传输到交通应用层，完成感知层与应用层之间的信息链接；公安交通管理业务应用层包括各类交通业务支撑平台和应用系统，可以实现交通业务信息的汇总、协同、共享、互通、分析和决策等功能。

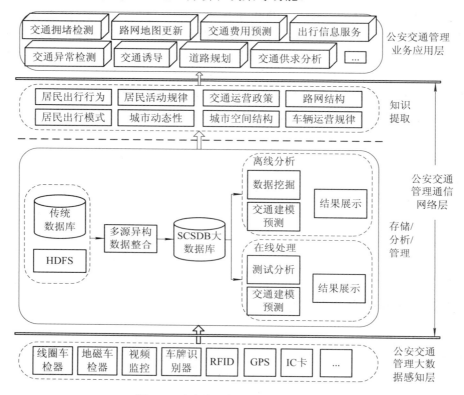

图1-4   公安交通管理大数据总体架构

1. 公安交通管理大数据感知层

公安交通管理大数据感知层是交通大数据总体架构的最底层，主要实现交通信息的采集与前端处理功能，是整个公安交通管理大数据架构中起决定性的部分。公安交通管理大数据感知层不仅包括各类交通传感器技术，还包括前端的各类信息处理、通信、网络、安全、标识、定位、同步等技术，以及相关的协同处理等新技术，覆盖的范围非常宽泛。公安交通管理大数据感知层的主要技术包括以下三种技术。

1) 交通传感器技术

传感器技术同计算机技术与通信技术一起被称为信息技术的三大技术。从仿生学的观点来看，如果把计算机看成处理和识别信息的"大脑"，把通信系统看成传递信息的"神经系统"，那么传感器就是"感觉器官"。

交通传感器技术是指应用于交通工程、交通运输领域的各类传感器技术，一般以体现该技术的各类硬软件设备来进行论述。在交通工程领域，根据交通传感器的运动状态，可分为固定式交通传感器和移动式交通传感器；根据交通传感器的技术特点，可分为电感传感器、磁频传感器、视频传感器、波频传感器等。目前在道路交通工程上应用较广泛的交通传感器包括地埋式感应线圈车辆检测器、地磁式车辆检测器、视频车辆检测器、道路治安卡口设备(即视频车牌识别设备)、远程微波车辆检测器、雷达测速仪、超声波车辆检测器等，除此之外，还包括浮动车技术、专用短程通信(Dedicated Short Range Communications，DSRC)技术等。

2) 交通射频识别技术

随着以无线射频识别(Radio Frequency Identification Devices，RFID)为基础的物联网技术的快速发展，目前 RFID 在我国交通运输领域的货物追踪、电子收费、身份认证、物流管理等方面得到了广泛应用，已经成为当前我国交通大数据采集的重要来源。

最基本的 RFID 系统包括标签、阅读器、天线三部分。标签由耦合元件及芯片组成，每个标签具有唯一的电子编码，附着在物体上，用以标识目标对象，可根据是否有电源分为有源标签和无源标签。对于无源标签，阅读器(手持式或固定式)不断发出无线电波，在周围形成电磁场，标签进入电磁场后，接收阅读器发出的射频信号，凭借感应电流所获得的能量，标签发送出存储在芯片中的产品信息。对于有源标签，则可以主动发送某一频率的信号。阅读器在读取信息并解码后，将其送至后台信息系统进行有关数据处理。射频信号的传送都是通过天线完成的，前端信息经处理后将与其他信息一起，经由相应的通信网络传输到交通信息管理中心。

3) 公安交通移动位置服务技术

移动位置服务(Location Based Service，LBS)技术在交通中的应用被称为交通移动位置服务技术(Location Based Service for Transportation，LBS-T)。狭义的 LBS 是通过电信移动运营商的网络(如 GSM 网、CDMA 网、3G 网、4G 网)获取移动终端用户的位置信息(经纬度坐标)，在电子地图平台的支持下，为用户提供相应服务的一种增值业务；广义的 LBS 是指包括一切与位置定位服务有关的技术，包括基于地面电信移动网络的位置定位、基于电子地图的位置服务、基于卫星定位技术的位置服务以及基于卫星定位与地面定位相结合的各类位置服务技术。卫星定位技术的主要代表是美国的全球定位系统(Global Positioning System，GPS)、中国北斗卫星导航系统(BeiDou Navigation Satellite System，BDS)、俄罗斯的全球卫星导航系统(Global Navigation Satellite System，GLONASS)以及欧洲的伽利略卫星导航系统(Galileo Satellite Navigation System)。作为移动交通感知技术，目前卫星定位技术已经成为交通运输智能化的重要支撑技术。

2. 公安交通管理通信网络层

公安交通管理通信网络层主要建立在移动通信网络和互联网基础上，通过各种接入设备与移动通信网络和互联网相连，包括各类交通信息传输、存储、网络管理等功能。公安交通管理通信网络层中的感知数据管理与处理技术是实现以数据为中心的智慧交通系统的核心技术。公安交通管理通信网络层的主要技术包括以下五种。

1) 光纤宽带网

光纤是目前城市交通工程领域应用最广泛的一种网络。它的特点是传输容量大，传输质量好，损耗小，中断距离长等。光纤接入网从技术上可分为两大类：有源光网络(Active Optical Network，AON)和无源光网络(Passive Optical Network，PON)。有源光网络又可分为基于 SDH 的 AON 和基于 PDH 的 AON；无源光网络可分为窄带 PON 和宽带 PON。有源光接入技术适用于带宽需求大、对通信保密性高的企事业单位的接入。它也可以用在接入网的馈线段和配线段，并与基于无线或铜线传输的其他接入技术混合使用。

2) 2G/3G/4G 网络

移动通信系统从 20 世纪 80 年代诞生以来，经历了几代发展，最明显的趋势是要求高数据通信速率、高机动性和无缝隙漫游。目前，在市场上活跃的主要是 2G/3G/4G 移动通信系统。2G 网络是指第二代无线蜂窝电话通信协议，是以无线通信数字化为代表，能够进行窄带数据通信。常见的 2G 无线通信协议有 GSM 频分多址(GPRS/EDGE)和 CDMA 1X 码分多址两种，传输速度较低。3G 网络是指第三代无线蜂窝电话通信协议，主要是在 2G 基础上发展了高带宽的数据通信，数据通信带宽都在 500 kb/s 以上。目前 3G 常用的有 3 种标准：WCDMA、CDMA2000、TD-SCDMA，传输速率相对较快，可以满足手机普通上网需求。4G 网络是指第四代无线蜂窝电话通信协议，是真正意义上的高速移动通信系统，用户速率可达 20 Mb/s。4G 支持交互式多媒体业务，高质量影像传输，3D 动画以及宽带移动互联网接入，是当前移动交通大数据传输的重要媒介。

3) Zigbee 技术

Zigbee 是 IEEE 802.15.4 协议的代名词。采用这个协议的技术是一种短距离、低功耗的无线通信技术。这一名词来源于蜜蜂的八字舞，由于蜜蜂(Bee)是靠飞翔和"嗡嗡"(Zig)地抖动翅膀的"舞蹈"来与同伴传递花粉所在方位信息的，也就是说蜜蜂依靠这样的方式构成了群体中的通信网络。Zigbee 的特点是近距离、低复杂度、自组织、低功耗、低数据速率、低成本，主要适用于自动控制和远程控制领域，可以嵌入各种设备。在智能交通系统中，Zigbee 技术主要用于近距离、低带宽需求的交通设备之间的信息互联互通，其所采集的交通数据一般都汇入到相连的其他高带宽通信网络之中。

4) WiFi 技术

WiFi 是一种可以将个人计算机、智能移动终端设备(如手机)以无线方式互相连接的技术。WiFi 是一个无线网络通信技术的品牌，由 WiFi 联盟(WiFi Alliance)所持有，目的是改善基于 IEEE 802.11 标准的无线网络产品之间的互通性。WiFi 可以解决局域网中用户及用户终端的无线接入及数据存取。与商业 WiFi 不同，交通 WiFi 具有高频次、高黏度、高密度、刚需、封闭等特点，因此其流量价值优势突出，目前已经在国内许多城市的地铁、地面公交上得到应用。

5) 卫星通信网

卫星通信网络以卫星作为中继站转发微波信号，在多个地面站之间通信，卫星通信的主要目的是实现对地面的"无缝隙"覆盖。卫星端在空中起中转站的作用，即把地面站发上来的电磁波放大后再返送回另一地面站。地面站则是卫星系统与地面公众网的接口，地面用户也可以通过地面站出入卫星系统形成链路。其中低轨道卫星通信系统距地面 500～2000 km，传输时延和功耗都比较小，但每颗卫星的覆盖范围也比较小，典型系统有 Motorola 的铱星系统。中轨道卫星通信系统距地面 2000～20 000 km，传输时延要大于低轨道卫星，但覆盖范围也更大,典型系统是国际海事卫星系统。高轨道卫星通信系统距地面 35 800 km,即同步静止轨道。理论上,用三颗高轨道卫星即可以实现全球覆盖,目前,同步轨道卫星通信系统主要用于 VSAT 系统、电视信号转发等。

3. 公安交通管理业务应用层

公安交通管理业务应用层利用交通网络层传回的交通感知层信息,经过分析处理后为用户提供丰富的特定服务,以实现智能化交通监控、交通态势识别、交通目标定位与跟踪、交通管理与控制等功能。公安交通管理业务应用层主要包含应用支撑平台子层和应用服务子层。其中应用支撑平台子层具有支撑跨行业应用、跨系统之间的信息协同、共享、互通等功能,主要包括公共中间件、信息开放平台、云计算平台和服务支撑平台。业务应用服务子层包括智能交通、公共安全等行业应用。公安交通管理业务应用层的主要技术包括以下两种。

1) 数据处理技术

公安交通管理应用服务建立在真实世界的数据采集之上,产生的数据量会比因特网的数据量提升几个量级。海量信息需要运用多粒度存储、数据挖掘、知识发现和并行处理等技术进行分析,数据处理技术贯穿由“感”到“知”的全过程。海量数据汇聚到应用业务平台后,需要对数据进行存储管理,以便为以后的应用服务提供足够的原始数据。

2) 智能分析技术

智能分析技术是交通大数据应用层的基本技术要求。作为交通信息物理系统(Transportation Cyber Physical System,TCPS)的核心组成部分,交通大数据系统只有采用智能化的分析技术,才能实现对海量交通数据的深度挖掘,为交通运输各业务部门提供支持。经过多年的智能交通系统建设,目前我国主要城市已经搭建起先进的 TCPS(如交通监控、信号控制系统等),各级交通运输管理部门已经积累了海量的交通运输数据。但是应该看到,绝大多数 TCPS 系统在交通大数据分析方面还非常落后,关键问题是目前我国交通大数据的智能分析技术还有待提升。

本 章 小 结

现代信息技术的迅猛发展,使得各类数据呈现爆炸式增长,大数据概念被正式提出来,随之大数据产业也迅速崛起,人类社会开始进入到大数据时代。实践表明,大数据本身并不能产生价值,只有运用科学的技术手段,结合各类应用需求对大数据进行加工处理,才能实现其自身应有的价值。本章在简要论述大数据发展历程的基础上,重点对大数据技术架构和大数据关键技术体系进行了分析,主要涉及大数据存储管理技术、大数据并行计算技术、大数据查询和分析技术以及大数据可视化技术四个方面,这些都是当前大数据应用领域关注的研究重点内容。最后,本章结合大数据在城市交通管理领域的发展现状,对其技术体系进行了论述,重点分析了交通警务管理大数据本身不同于 Hadoop 技术所处理的互联网行业大数据的诸多特点,为本书后面介绍天云星数据库(SCSDB)分布式无共享(Share-Nothing)并行计算等技术内容进行了铺垫。

第 2 章　天云星数据库基础

2.1　天云星数据库概述

　　天云星数据库(Sky-Cloud-Star Database，简称 SCSDB)，是汉云科技自主研发的一种分布式关系型数据库，是为了满足各行业在迈入大数据时代后，在海量数据分析方面的迫切需求而研发的。SCSDB 具有很强的数据关联及查询能力，其设计的主要目标有二：一是实现海量(GB、TB 乃至 PB 级)结构化数据的高效存储，二是开发迅捷可靠的数据查询与分析功能。SCSDB 是用户实现大数据行业应用落地的有效工具，本书将系统介绍 SCSDB 的技术原理和应用场景。

　　2007 年以来，随着 Hadoop 在我国一些知名互联网企业(如腾讯、百度、阿里巴巴)被应用，云计算、大数据技术开始在我国快速发展。在 2010—2012 年期间，大数据技术逐渐应用于政府政务及行业业务处理中。其中，Hadoop 大数据平台虽然实现了数据整合、集中存储，以及全文检索等功能，但目前尚未有效解决海量数据在关联、比对、分析等方面效率低下的"痛点"。

　　Hadoop 在解决行业实际问题所表现的局限性，究其原因，在于互联网场景与企业(部门)的应用需求在本质上存在一些差别。Hadoop 是 Google 体系的部分开源，擅长于实现互联网上大量日志、网页的存储和快速检索，其所涉及数据的共同特点，一是无序化、规则缺失，二是应用时效性较低。相较而言，政府部门、企业所处理的核心数据一般源自信息系统，是具有固定规则的结构化数据。自 20 世纪 90 年代以来，人们对结构化数据进行了深入分析，无论从应用深度，还是技术成熟度而言，结构化数据的处理已发展到较高的水平。换言之，Hadoop 技术是针对互联网数据特点而设计开发的，若采用它进行非互联网行业(如政府、企业等)的大数据处理，往往显得力不从心，非但不能提升工作效能，反而不如传统数据库架构，难以发挥 Hadoop 应有的技术优势。

　　为了改变各行业大数据处理能力欠缺的现状，汉云科技自 2012 年起致力于自主研发一款分布式关系型数据库 SCSDB，特别适用于高效处理结构化大数据，具有完善的数据挖掘与分析功能，能够从海量数据资源中提取有价值的信息进行挖掘分析，将其转化为用户的决策与执行力。

2.1.1　SCSDB 的体系架构

　　SCSDB 采用分布式无共享(Share-Nothing)并行计算架构，通过网络将数台、数十台甚至上百台普通服务器连接到一起，组成存储计算集群，借此提升数据存储和并行计算能力。SCSDB 架构如图 2-1 所示。

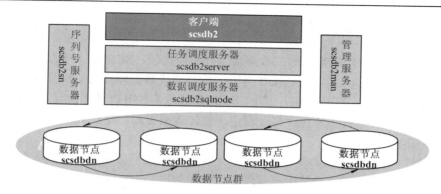

图 2-1　SCSDB 架构

(1) 客户端(scsdb2)，接收用户输入的 SCSQL 语句，并向 scsdb2server 发送 SCSQL 语句，最后显示 SCSQL 语句的执行结果。

(2) 任务调度服务器(scsdb2server)，接收客户端发送过来的 SCSQL 语句，对 SCSQL 语句进行解析、优化并生成执行计划；根据执行计划，调度数据库各个服务系统，完成 SCSQL 任务。

(3) 管理服务器(scsdb2man)，维护集群的拓扑信息、数据元信息、用户账号信息，包括集群配置信息、数据库的分布信息、Hash 映射关系、用户账号等基本信息。

(4) 序列号服务器(scsdb2sn)，提供序列号服务，如为数据表的自增长字段提供自增长序列号，也可直接为用户提供序列号服务。

(5)数据调度服务器(scsdb2sqlnode)，高效、快速地将相关数据进行合理的数据迁移。

(6) 数据节点(scsdbdn)，负责数据的存储和读取。所有数据表的数据以分片的形式存储在 scsdbdn，同时 scsdbdn 执行由 scsdb2server 分发过来的 SCSQL 语句。

2.1.2　SCSDB 的主要功能

SCSDB 是一个分布式存储、并行计算的结构化数据库，具有如表 2-1 所示的特性。

表 2-1　SCSDB 产品特性

特　性	特　性　描　述
分布式存储	采用分布式存储技术，将数据以水平分片方式映射存储到集群服务器，且节点内部的数据，可以再按照时间(如按月)进行分区存储管理
并行计算	采用多节点并行计算，充分利用集群服务器的硬件资源，提升查询性能
标准 SQL	兼容标准 SQL92
数据类型	支持 INT/BIGINT/CHAR/VARCHAR/TEXT/DATE/DATETIME/TIMESTAMP 等常见类型
优化器	自动识别数据特性，形成并行计算策略，与传统数据库的 SQL 仅仅减少文件 I/O 有很大不同
节点虚拟化	根据 CPU、内存、磁盘硬件参数指标，每台服务器部署 1～N 个节点，资源利用率最大化
开发接口	提供 CAPI、JDBC、ODBC、Python 等编程开发接口
数据库对象	支持数据库、表、视图、索引等数据库对象
用户权限管理	提供创建、删除用户指令，提供标准的用户赋权、撤权语句(GRANT/REVOKE)

2.1.3　SCSDB 的主要特点

与具有相似技术架构的数据库或数据仓库产品相比较，SCSDB 具有如下特点：

(1) 数据处理效率高。尽管 SCSDB 与以往的分布式数据库相比架构基本相似，但前者具有独特的底层算法。在算法实现方式上，SCSDB 通过多种并行计算优化策略，在实现"笛卡尔乘积"运算及其他数据分析计算过程中，整体效率更高，这已被众多用户的应用实践和权威机构的检测所证实。

(2) 灵活性大。由于 SCSDB 具有极高的运算性能，故不必专门建立数据仓库与数据模型，其运算性能足以很好地满足用户需求。在面对数据分析需求种类繁多，变化迅速的大数据应用场景，SCSDB 相较于传统的数据仓库解决方案将更具灵活性。此外，SCSDB 提供了面向用户端的数据应用建模工具(数据魔方)，彻底改变传统的软件开发方式，根据用户需求完成应用方案的灵活快速响应，真正实现了"应用随需而变"。

(3) 投资成本小。SCSDB 的性能与同类产品相比更具优势，在达到同等性能的情况下采用 SCSDB 比其他产品更节省服务器。在理论上，系统性能快 10 倍，则所需硬件资源为原来的 1/10，从而大量节省服务器的投资。此外，SCSDB 可根据实际应用需求逐渐增加规模，有效减少一次性投资的成本。

(4) 安全性高。天云星产品系列坚持走了一条国产自主研发的道路，符合国家发展战略对信息安全的要求(基础软件须国产化要求)，在市场推广中，相对于 Oracle 等国外产品在数据安全需求方面更具竞争优势。

(5) 兼容性好。SCSDB 为了更好地兼容现有成熟的产品和中间件，不仅兼容了 SQL 92，还兼容了 MySQL 网络通信协议，这样原来能与 MySQL 对接的产品，也可以与 SCSDB 对接。已通过测试的典型兼容产品和中间件如表 2-2 所示。

表 2-2　典型兼容产品和中间件

类　别	产品/中间件名称	描　述
程序接口	MySQL JDBC	通用接口规范
	MySQL ODBC	通用接口规范
客户端工具	Navicat	开源数据库客户端工具，支持 Oracle、MySQL、MSsql 等
数据抽取工具	Informatic	国外商业数据抽取、清洗工具
	Kettle	开源数据抽取清洗工具
BI 工具	Tableau	国外商业 BI 工具
	FineBI	国内商业 BI 工具

2.1.4　SCSDB 的主要应用

SCSDB 的主要应用包括下述三个方面：

(1) 海量结构化数据的高效存储。

SCSDB 能够根据现有的信息系统进行数据抽取，将各系统的数据融合以实现集中存储，形成大数据资源，这是开展大数据分析挖掘的先决条件。

(2) 高效解决现场问题。

在大中型企业和政府部门，日均数据信息量是很大的，例如，在一线城市，路面车辆监控抓拍到的车辆图片在识别后形成的结构化数据，数据量高达 2000 余万行，网络捕获的数据量为日均数亿行，对如此之多的数据开展高效分析是非常具有挑战性的工作。SCSDB 的公安客户有一个非常经典的成功案例，某市发生了一桩团伙作案的案件，公安机关须通过海量数据的分析比对，找出案件同伙人的线索信息。按照传统的 Oracle+IBM 小型机的手段，计算该同伙的信息至少需要 20 天，如果数据运算存在错误，则可能花费一个月也难以获得分析结果，期间犯罪分子有充足的时间外逃藏匿。相比之下，技术人员采用 SCSDB，将传统需 20 天完成的数据分析工作大幅缩短至 2 小时内完成，极大增强了公安干警利用大数据技术快速破案的能力，实现公安大数据的高效利用和增值服务。

(3) 高度灵活的数据分析模式。

对于传统的数据分析挖掘工具(例如，数据仓库)，在使用之前，需要专业技术团队进行业务调研，为客户设计未来(例如，5 年以内)可能会涉及的数据分析应用场景，然后根据这些场景建立数据模型。相较于传统的数据分析挖掘工具，采用 SCSDB 开展数据分析将获得更大的操作灵活性。

2.1.5　SCSDB 应用程序开发

SCSDB 兼容 SQL 92 语法规则，方便传统数据库使用者快速掌握。SCSDB 提供了标准的 C/C++程序接口、JDBC 接口，支持 C/C++、Java、PHP、C#等多种开发语言。SCSDB 为了用户能够更快速、更简单地将已有的基于 MySQL 的应用业务移植到 SCSDB，同时也为了使用户能够更快速地掌握使用 SCSDB，SCSDB 不仅兼容了 SQL 92 语法，同时还兼容了 MySQL 网络协议。所以，用户可以直接使用 MySQL 的开发接口(如 JDBC/ODBC/C API 等)来连接使用 SCSDB。

SCSDB 根据行业大数据应用的需求，打造了完善的配套工具体系，包括数据采集、运行维护管理、应用开发等，SCSDB 配套工具体系如图 2-2 所示。

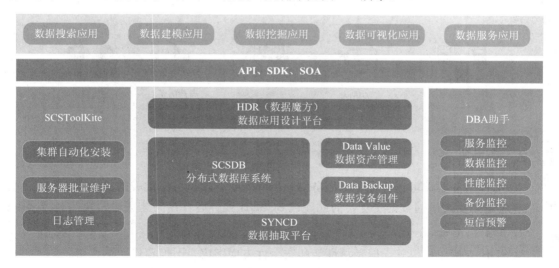

图 2-2　SCSDB 配套工具体系图

1. ETL 工具(SYNCD)

SCSDB 同步工具(SYNCD)是基于 SCSDB 的一款数据同步工具，将不同数据源(MySQL、Oracle、文本文件等)的数据根据不同的增量抽取策略同步到 SCSDB。

2. 系统运行维护(DBA 助手)

天云星管理平台(DBA 助手)，是一款面向分布式数据库的集群监控工具，能监控集群的服务、数据及备份关系、性能、慢查询等信息，并提供自动巡检功能及预警机制，便于精准及时地发现潜在问题，有助于异常问题的高效处理，以及资源的合理调整，保证系统稳定高效地运行。

3. 应用设计开发工具(数据魔方)

数据魔方是基于 SCSDB 开发的一款面向用户端的大数据快速分析、迭代应用工具。它依托于用户已有的数据源，无需编码，仅通过简便的数据表拖拽方式，即可实现数据建模，挖掘数据资源的内在价值；借助数据魔方还可进行应用模型的发布与共享，让经验积累传承，实现了一人建模，多人使用；彻底解决了因用户需求变化快、产品定制性强而带来的技术困难。

2.2 天云星数据库安装

本节介绍如何快速安装部署 SCSDB。为了让读者快速入门，避免涉及太多底层知识，本节仅介绍 SCSDB 的安装及配置，操作系统安装在此不做介绍。对于如何选择硬件以及部署优化将在后面的章节详细介绍。

2.2.1 安装流程

SCSDB 的安装流程如图 2-3 所示，主要分为以下几步：环境准备、安装规划、实施安装、启动服务、登录测试。启动服务和登录测试是验证 SCSDB 是否安装成功的必要步骤。

环境准备　　　安装规划　　　实施安装　　　启动服务　　　登录测试

图 2-3　安装流程图

2.2.2 环境准备

SCSDB 服务器端可运行在 x86 服务器、小型机或者虚拟主机构成的集群上。由于集群内部节点间需要大量的数据交互，为此建议 SCSDB 集群运行在高速互通的内部局域网中。

1. 服务器准备

SCSDB 支持单机模式，但是从性能和安全性方面考虑，不推荐使用单机模式。这里以 4 台机器为例，介绍如何部署 SCSDB 集群。机器的配置如表 2-3 所示。

表 2-3　机 器 配 置

CPU	双核 1.8 GHz
内存	2 GB
网卡	1000 Mb/s
磁盘	2 × 100 GB 其中一块装完操作系统后，剩余的磁盘分区挂载到/home/sda 目录下，另一块磁盘挂载到/home/sdb 目录下 (注：后面会把/home/sda 和/home/sdb 作为数据节点的数据存储目录，这里需要提前创建这两个目录)
操作系统	内核为 3.10.0-327.el7 及以上版本的 Linux 系统(比如 CentOS 7)

4 台机器 IP 分别为：192.168.0.91、192.168.0.92、192.168.0.93、192.168.0.94。

2．安装介质介绍

安装介质如表 2-4 所示。

表 2-4　安装介质一览表

安装介质	描　　述
scsdb_02.00.00_Beta0.5.1.tar.gz	SCSDB 数据库
scsdbdn1.11.tar.gz	SCSDB 数据节点
scsdbcluster_v3.0.0.tar.gz	SCSDB 自动安装工具
scsdbdnc_v2.0.0.tar.gz	SCSDB 节点管理工具
scmt_v1.0.0.tar.gz	SCSDB 批量执行工具
scsmonitor_V2.0.2.tar.gz	SCSDB 集群监控工具
sync_v4.6.0.tar.gz	SCSDB 数据同步工具
scsdb2.0_log_purge_v2.0.2.tar.gz	SCSDB 日志清理工具
scsdb_cold_backup_v2.1.0.tar.gz	SCSDB 冷备份工具

3．服务器配置

推荐将服务器名称重新命名为 node1、node2、node3……这样可以极大地方便后期管理及维护。同时，为了保证 SCSDB 服务正常运行，需要设置防火墙，开启 SCSDB 服务的端口。以下操作需要在集群所有服务器上均执行一遍。

(1) 关闭 selinux，开放 SCSDB 服务端口。

集群内部需要大量的数据交互，因此需要关闭 selinux 和对防火墙进行相关设置，以方便内部服务器的通信。

首先关闭 selinux。进入服务器 shell 命令行，编辑/etc/selinux/config 文件，将配置文件中 SELINUX 的值修改为 disabled(修改配置文件后，需要重启系统)，命令行如下：

```
# vim /etc/selinux/config
# This file controls the state of SELinux on the system.
# SELINUX= can take one of these three values:
```

```
#    enforcing - SELinux security policy is enforced.
#    permissive - SELinux prints warnings instead of enforcing.
#    disabled - No SELinux policy is loaded.
SELINUX=disabled
# SELINUXTYPE= can take one of three two values:
#    targeted - Targeted processes are protected,
#    minimum - Modification of targeted policy. Only selected processes are
protected.
#    mls - Multi Level Security protection.
SELINUXTYPE=targeted
```

其次设置防火墙，开放 SCSDB 服务端口。

其中，2000 到 2003 是 scsdbdn 服务端口，需要跟 2.2.3 小节的节点安装配置文件 prefix.conf 中的端口保持一致；2180 和 2200 是 scsdb2server 服务端口；2181 是 scsdb2sn 服务端口；2182 是 scsdb2man 服务端口；2183 是 scsdb2sqlnode 服务端口。防火墙需要打开这些端口，命令行如下：

```
# firewall-cmd --add-port=2000/tcp --permanent  → 开放 scsdbdn 端口
# firewall-cmd --add-port=2001/tcp --permanent  → 开放 scsdbdn 端口
# firewall-cmd --add-port=2002/tcp --permanent  → 开放 scsdbdn 端口
# firewall-cmd --add-port=2003/tcp --permanent  → 开放 scsdbdn 端口

# firewall-cmd --add-port=2180/tcp --permanent  → 开放 scsdb2server 端口
# firewall-cmd --add-port=2200/tcp --permanent  → 开放 scsdb2server 端口
# firewall-cmd --add-port=2181/tcp --permanent  → 开放 scsdb2sn 端口
# firewall-cmd --add-port=2182/tcp --permanent  → 开放 scsdb2man 端口
# firewall-cmd --add-port=2183/tcp --permanent  → 开放 scsdb2sqlnode 端口
```

设置完毕，重新载入防火墙，查看防火墙打开的所有端口，确认设置成功。

```
# firewall-cmd --reload
# firewall-cmd --list-ports
2000/tcp 2200/tcp 2181/tcp 2001/tcp 2180/tcp 2002/tcp 2183/tcp 2003/tcp
2182/tcp
```

注意：如果不是 CentOS 7 系统，请采用其他命令打开防火墙端口，在此不赘述。

(2) 修改本地主机名，增加主机名 IP 地址映射。

修改本地主机名：

以 192.168.0.91 为例(其他服务器相应改成 node2、node3、node4)：

```
# hostnamectl set-hostname node1
# systemctl restart systemd-hostnamed
```

编辑/etc/hosts 文件，增加主机名 IP 地址映射：

把 192.168.0.91～192.168.0.94 分别映射到 node1～node4。

```
# vim /etc/hosts
127.0.0.1    localhost localhost.localdomain localhost4
localhost4.localdomain4
::1          localhost localhost.localdomain localhost6
localhost6.localdomain6
192.168.0.91 node1
```

```
192.168.0.92 node2
192.168.0.93 node3
192.168.0.94 node4
```

2.2.3　安装规划

在系统正式部署之前，需要先设计系统部署方案，这样可以对数据库的安装和使用起到一定指导作用，同时可以减少搭建 SCSDB 环境的错误，并且加深对 SCSDB 的理解。

SCSDB 的安装规划主要包括确定服务器集群职责的分配、每台服务器安装多少个数据节点、数据节点间的备份方案三大内容。

1．数据库服务部署规划

SCSDB 各服务的部署规划如表 2-5 所示，SCSDB 服务的部署图如图 2-4 所示。

表 2-5　SCSDB 服务部署表

数据库服务	部署服务器
scsdbdn	192.168.0.91-192.168.0.94
scsdb2sqlnode	192.168.0.91-192.168.0.94
scsdb2server	192.168.0.91-192.168.0.94
scsdb2sn	192.168.0.91
scsdb2man	192.168.0.91
scsdb2client	192.168.0.91-192.168.0.94

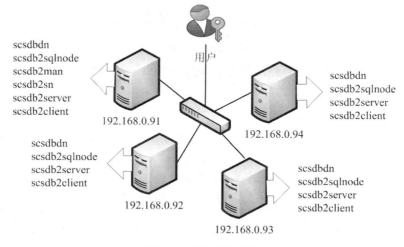

图 2-4　服务器部署图

2．数据节点规划

SCSDB 在一台服务器上可以安装多个数据节点(scsdbdn)，数据节点数量由用户指定，多个数据节点通过端口号加以区分。数据节点需要合理地分配到不同硬盘上，这样可以减少 I/O 竞争，提升整体性能。

本安装示例中每台服务器安装 4 个数据节点，其中两个为主节点，两个为从节点。为分担每块磁盘的 I/O 压力，将主节点平均分布在 2 块磁盘上，即 2000(主节点)、2002(从节点)存放在/home/sda 目录下，2001(主节点)、2003(从节点)存放在/home/sdb 目录下。以192.168.0.91 服务器为例，单个服务器数据节点规划如图 2-5 所示。

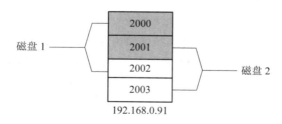

图 2-5 单个服务器数据节点规划图

3. 数据节点备份规划

SCSDB 的数据节点包含主节点和从节点两个角色，主节点和从节点之间存在着实时双向备份关系。这样，主节点和从节点上就会分别存储一份相同的数据，以保证数据的安全性和系统的高可用性。本示例的集群中共有 4 台服务器，每台服务器安装 4 个数据节点，分别为 2 个主节点和 2 个从节点。数据节点的备份规划如图 2-6 所示。

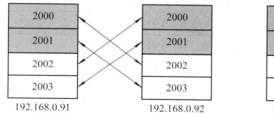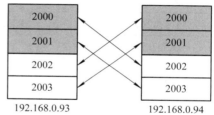

图 2-6 数据节点备份图

图 2-6 中，灰色部分为主节点，白色部分为从节点，双向箭头表示主节点和从节点是双向备份。

4. 运维工具安装规划

天云星的各个运维工具有不同的功能，需要根据数据库的安装规划来制定工具的安装规划。所有的服务器上都需要部署 scsdbdnc2、scmt、scsmonitor、syncd 工具，管理服务器上需要部署 scsdb2.0_log_purge 和 scsdb_cold_backup 工具，如表 2-6 所示。

表 2-6 运维工具安装规划表

工具名称	192.168.0.91	192.168.0.92	192.168.0.93	192.168.0.94
scsdbdnc2	√	√	√	√
scmt	√	√	√	√
scsmonitor	√	√	√	√
syncd	√	√	√	√
scsdb2.0_log_purge	√			
scsdb_cold_backup	√			

5．上传安装包

(1) 新建目录如下：

```
# ssh node1
# mkdir -p /home/scsinstall/packages
# mkdir -p /home/scsinstall/020051
```

其中/home/scsinstall/packages 是自动安装工具的安装包存放目录。/home/scsinstall/020051 是 SCSDB 和其他工具的安装包存放目录。

(2) 将 scsdbcluster_v3.0.0.tar.gz 上传到/home/scsinstall/package 目录并解压。

```
# cd /home/scsinstall/packages
# tar xzvf scsdbcluster_v3.0.0.tar.gz
```

(3) 将 scsdb_02.00.00_Beta0.5.1.tar.gz 上传到/home/scsinstall/020051 目录并解压。

```
# cd /home/scsinstall/020051
# tar -zxvf scsdb_02.00.00_Beta0.5.1.tar.gz
```

(4) 将下面要安装的工具上传到/home/scsinstall/020051 目录下(不需要解压)。

```
scsdbdn1.11.tar.gz
scsdbdnc_v2.0.0.tar.gz
scmt_v1.0.0.tar.gz
scsmonitor_V2.0.2.tar.gz
sync_v4.6.0.tar.gz
scsdb2.0_log_purge_v2.0.2.tar.gz
scsdb_cold_backup_v2.1.0.tar.gz
```

6．配置 cluster.conf

经过前面的安装规划后，最终要把安装规划写到安装配置文件(cluster.conf)。该配置文件详细描述了数据库各个服务组件和运维工具要部署在哪些服务器上、数据节点之间的主从备份关系等重要信息。cluster.conf 是 SCSDB 快速安装必备的配置文件，同时也是 SCSDB 启动、关闭、升级、卸载依赖的配置文件。

cluster.conf 位于/home/scsinstall/packages/scsdbcluster_v3.0.0/install/路径下。配置内容如下：

```
#全局配置
[global]
#当前操作的主机 ip 地址
localhost=192.168.0.91
#集群内节点间 root 用户访问的统一密码
password=root1234
#SCSDB 的版本
scsdb_version=2.0
#存放安装包的路径
install_package_path=/home/scsinstall/020051
```

```
#节点安装配置
[scsdbdn]
#节点服务安装包名称
package=scsdbdn1.11.tar.gz


#以下是 SCSDB 各个服务的安装地址和安装包名称
[scsdbsqlnode]
package=scsdb2sqlnode.tar.gz


[scsdbman]
host=192.168.0.91
package=scsdb2man.tar.gz


[scsdbsn]
host=192.168.0.91
package=scsdb2sn.tar.gz


[scsdbserver]
host=192.168.0.91-192.168.0.94
package=scsdb2server.tar.gz


[scsdbclient]
host=192.168.0.91-192.168.0.94
package=scsdb2client.tar.gz


#主从数据节点配置
[nodes]
192.168.0.91:2000-192.168.0.92:2002
192.168.0.91:2001-192.168.0.92:2003
192.168.0.92:2000-192.168.0.91:2002
192.168.0.92:2001-192.168.0.91:2003
192.168.0.93:2000-192.168.0.94:2002
192.168.0.93:2001-192.168.0.94:2003
192.168.0.94:2000-192.168.0.93:2002
192.168.0.94:2001-192.168.0.93:2003


#以下是各个工具的安装地址和安装包名称
[scmt]
```

```
host=192.168.0.91-192.168.0.94
package=scmt_v1.0.0.tar.gz

[scsdb_cold_backup]
host=192.168.0.91
package=scsdb_cold_backup_v1.1.1.tar.gz

[scsdbdnc]
host=192.168.0.91-192.168.0.94
package=scsdbdnc_v2.0.0.tar.gz

[scslogpurge]
host=192.168.0.91
package=scslogpurge_v1.1.1.tar.gz

[scsmonitor]
host=192.168.0.91-192.168.0.94
package=scsmonitor_V1.1.1.tar.gz

[syncd]
host=192.168.0.91-192.168.0.94
package=sync_v4.6.0.tar.gz
```

配置文件说明：

[global]域：配置系统全局信息，配置内容包括当前服务器 ip，集群服务器的密码，SCSDB 版本，存放所有安装包的统一路径。

[nodes]域：配置集群的数据节点，包括主节点和从节点。每一行配置一对主从节点，短线之前的为主节点，短线之后的为对应的从节点。

其他的每一个域描述了一个服务或一个工具的安装信息。其中 package 配置项表示安装包名称，host 配置项表示安装的目标服务器。

如果某个服务或工具需要安装在连续 ip 的服务器上，可以写成 host=192.168.0.91-192.168.0.94(表示 91 到 94 之间，包括 91 和 94 的所有服务器都会安装)。

2.2.4　自动安装

在完成服务系统安装规划，形成安装配置脚本后，现在可以通过安装程序将所有服务自动安装到指定的服务器上。

1．服务安装

在实际环境中，SCSDB 通常部署在多台服务器上，为此提供自动安装的程序以供运维人员快速安装。系统已经把自动安装的程序上传到了 node1 服务器，所以后面整个安装过程只需要在 node1 上操作即可。

1) 修改配置文件

自动安装依赖的配置文件有两个。一个是 cluster.conf，该文件详细描述了 SCSDB 各服务以及运维工具的安装包的存放路径和安装目标主机，该配置文件在安装规划中已经配置好；另一个是 prefix.conf，该文件是安装 scsdbdn 的配置文件，描述了一台服务器需要安装多少个 scsdbdn。

port 是 scsdbdn 实例所使用的端口号，从 2000 开始递增。

datadir 是 scsdbdn 实例的数据存储目录。

编辑/home/scsinstall/packages/scsdbcluster_v3.0.0/install/prefix.conf 文件，进行如下配置：

```
[scsdbdn]
#port 是 scsdbdn 实例所使用的端口号，从 2000 开始递增
port = 2000
# scsdbdn 的数据存储目录
datadir = /home/sda/2000
#注意 datadir 这个目录如果不是在/home/scsdbdata 目录下，请确保它的父目录存在

[scsdbdn]
port = 2001
datadir = /home/sdb/2001

[scsdbdn]
port = 2002
datadir = /home/sda/2002

[scsdbdn]
port = 2003
datadir = /home/sdb/2003
```

2) 安装数据库

找到安装脚本，执行安装程序：

```
# cd/home/scsinstall/packages/scsdbcluster_v3.0.0/install
#./install.sh
```

输出结果大致如下：

```
**********INSTALL PERL PACKAGE FOR LOCAL MACHINE********
...
"**********SSH CONFIGURE********"*********************
...
```

```
***********INSTALL PERL PACKAGE FOR OTHER MACHINE********
...
***********INSTALL SCSDB*********************************
...
***********AUTO BACKUP **********************************
...
***********CREATE SYSTEM TABLE**************************
...
***********INSTALL TOOLS********************************
...
```

安装分为 7 个步骤：本机安装 perl 包、配置互信、集群其他服务器安装 perl 包、安装
SCSDB、配置节点备份关系、创建系统表、安装运维工具。

在安装 SCSDB 的过程中如果发现有以前的安装版本，会有相关提示，按照提示操作
即可。

安装 SCSDB 过程中会提示是否使用 auto config(y/n?)，如果 auto config 选择了 y 那么
就会根据 cluster.conf 自动配置集群各个服务器的/etc/scs/scs.conf 以及/etc/scs/ms2.conf。否
则需要用户自己配置这两个配置文件。为了操作简便，推荐新用户选择自动配置。

出现 INSTALL SCDBCLUSTER SUCCESS 时标志自动安装结束。

2. 启动服务

自动安装结束后，可以使用 scsdbcluster_ctrl 命令启动 SCSDB 服务：

```
#scsdbcluster_ctrl start all
start 192.168.0.91 scsdb2sn ok
start 192.168.0.91 scsdb2man ok
start 192.168.0.91 scsdb2server ok
start 192.168.0.94 scsdb2server ok
192.168.0.91: scsdbdn_multi report
start scsdbdn 192.168.0.91:2000 ok
start scsdbdn 192.168.0.91:2001 ok
start scsdbdn 192.168.0.91:2002 ok
start scsdbdn 192.168.0.91:2003 ok
start 192.168.0.91 scsdb2sqlnode ok
....
192.168.0.94: scsdbdn_multi report
start scsdbdn 192.168.0.94:2000 ok
start scsdbdn 192.168.0.94:2001 ok
start scsdbdn 192.168.0.94:2002 ok
start scsdbdn 192.168.0.94:2003 ok
```

```
start 192.168.0.94 scsdb2sqlnode ok
...
```

如果集群上的所有服务都正常启动，那么说明数据库启动成功。

3．登录数据库

数据库服务正常启动后，就可以登录数据库了。首先进入装有客户端的服务器，然后运行 scsdb2 命令，参数-u 指定用户名，-p 指定密码，-h 指定登录的 scsdb2server。

```
#ssh node1
#scsdb2 -u SCS -p123456 -h 192.168.0.91
Welcome to SCSDB!
Client Version is 02.00.00_Beta0.2.0, and Scsdbserver Version is
02.00.00_Beta0.5.0, and Scsdbman Version is 02.00.00_Beta0.5.1.
scsdb>
```

如果成功登录，会显示版本信息。执行查看集群信息命令查看整个天云星集群：

```
scsdb>show cluster info.
```

Type	Master Node	Slave Node/DBDN Node
scsdb2man	192.168.0.91:2182	
scsdb2sn	192.168.0.91:2181	
scsdbdn	192.168.0.91:2000	192.168.0.92:2002
scsdbdn	192.168.0.91:2001	192.168.0.92:2003
scsdbdn	192.168.0.92:2000	192.168.0.91:2002
scsdbdn	192.168.0.92:2001	192.168.0.91:2003
scsdbdn	192.168.0.93:2000	192.168.0.94:2002
scsdbdn	192.168.0.93:2001	192.168.0.94:2003
scsdbdn	192.168.0.94:2000	192.168.0.93:2002
scsdbdn	192.168.0.94:2001	192.168.0.93:2003

```
|scsdb2sqlnode  |192.168.0.91:2183  |192.168.0.91:2000,  |
|               |                   |192.168.0.91:2001,  |
|               |                   |192.168.0.91:2002,  |
|               |                   |192.168.0.91:2003   |
+---------------+-------------------+--------------------+
|scsdb2sqlnode  |192.168.0.92:2183  |192.168.0.92:2002,  |
|               |                   |192.168.0.92:2003,  |
|               |                   |192.168.0.92:2000,  |
|               |                   |192.168.0.92:2001   |
+---------------+-------------------+--------------------+
|scsdb2sqlnode  |192.168.0.93:2183  |192.168.0.93:2000,  |
|               |                   |192.168.0.93:2001,  |
|               |                   |192.168.0.93:2002,  |
|               |                   |192.168.0.93:2003   |
+---------------+-------------------+--------------------+
|scsdb2sqlnode  |192.168.0.94:2183  |192.168.0.94:2002,  |
|               |                   |192.168.0.94:2003,  |
|               |                   |192.168.0.94:2000,  |
|               |                   |192.168.0.94:2001   |
+---------------+-------------------+--------------------+
Query OK,Totally:14 lines (0.00549 sec)
```

然后尝试创建一个数据库 test，并在 test 库下建立一张表：

```
scsdb>create database test.
Query OK, 0 rows Affected (0.16957 sec)
scsdb>use test.
Query OK, Database Changed (0.10247 sec)
test>create table t1(id int).
Query OK, 0 rows Affected (0.11127 sec)
test>show tables.
+------------------------------+
|Tables                        |
+------------------------------+
|t1                            |
+------------------------------+
Query OK,Totally:1 lines (0.03677 sec)
test>
```

show tables 看到创建的表 t1 说明创建表成功。至此表示自动安装全部成功。

2.2.5　服务管理

1. 使用 scsdbcluster_ctrl 管理集群服务

scsdbcluster_ctrl 命令详细用法如下：

```
scsdbcluster_ctrl(start|stop) (scsdb|scsdbdn|scsdbsqlnode|all)
```

start|stop 表示控制命令，分别代表开启、关闭；

scsdb 表示 scsdb2sn、scsdb2man、scsdb2server、scsdb2sqlnode 四个服务；

scsdbdn 表示节点服务；

启动服务：

```
#scsdbcluster_ctrl  start  all
```

start 192.168.0.91 scsdb2sn ok

start 192.168.0.91 scsdb2man ok

start 192.168.0.91 scsdb2server ok

start 192.168.0.94 scsdb2server ok

192.168.0.91: scsdbdn_multi report

start scsdbdn 192.168.0.91:2000 ok

start scsdbdn 192.168.0.91:2001 ok

start scsdbdn 192.168.0.91:2002 ok

start scsdbdn 192.168.0.91:2003 ok

start 192.168.0.91 scsdb2sqlnode ok

....

192.168.0.94: scsdbdn_multi report

start scsdbdn 192.168.0.94:2000 ok

start scsdbdn 192.168.0.94:2001 ok

start scsdbdn 192.168.0.94:2002 ok

start scsdbdn 192.168.0.94:2003 ok

start 192.168.0.94 scsdb2sqlnode ok

...

如果集群上的所有服务都正常启动，那么说明数据库启动成功。

关闭服务：

```
#scsdbcluster_ctrl  stop all
```

stop 192.168.0.91 scsdb2sn ok

stop 192.168.0.91 scsdb2man ok

stop 192.168.0.91 scsdb2server ok

stop 192.168.0.94 scsdb2server ok

192.168.0.91: scsdbdn_multi report

stop scsdbdn 192.168.0.91: ok

stop scsdbdn 192.168.0.91: ok

stop scsdbdn 192.168.0.91: ok

stop scsdbdn 192.168.0.91: ok

stop 192.168.0.91 scsdb2sqlnode ok

....

192.168.0.94: scsdbdn_multi report

stop scsdbdn 192.168.0.94: ok

stop scsdbdn 192.168.0.94: ok

stop scsdbdn 192.168.0.94: ok

stop scsdbdn 192.168.0.94: ok

stop 192.168.0.94 scsdb2sqlnode ok

如果集群的所有服务都显示 stop ... ok，表示集群的所有服务都正常关闭。

2．手动管理集群服务

除了通过 scsdbcluster_ctrl 管理集群服务，用户还可以手动管理集群服务。

1）启动命令

开启数据库服务要注意顺序，首先开启数据节点服务，再开启 scsdb2sqlnode、scsdb2man、scsdb2sn 服务，最后开启 scsdb2server 服务。

以下示例启动的是单台服务器上的服务，真实环境中，用户需要逐个启动集群所有服务器上的相关服务。

使用 scsdbdn_multi start 开启数据节点。

```
# scsdbdn_multi start
```

scsdbdn version is 1.11

WARNING: Log file disabled. Maybe directory or file isn't writable?

scsdbdn_multi log file version 2.16; run: Wed Jul 26 17:04:24 2017

Starting scsdbdn servers

使用 systemctl start 开启数据库服务。

```
# systemctl start scsdb2sqlnode.service
# systemctl start scsdb2man.service
# systemctl start scsdb2sn.service
# systemctl start scsdb2server.service
```

2）查看服务状态

可以使用 systemctl status 来查看各个数据库服务的状态。如果 Active 选项处于 active (running)状态，说明服务开启成功。

```
# systemctl status scsdb2sqlnode.service
```

scsdb2sqlnode.service - (null)

```
     Loaded: loaded (/etc/rc.d/init.d/scsdb2sqlnode)
     Active: active (running) since Fri 2017-08-11 18:43:46 PDT; 57min ago
  ...
# systemctl status scsdb2sn.service
 scsdb2sn.service - (null)
     Loaded: loaded (/etc/rc.d/init.d/scsdb2sn)
     Active: active (running) since Fri 2017-08-11 18:43:18 PDT; 58min ago
  ...
# systemctl status scsdb2man.service
 scsdb2man.service - (null)
     Loaded: loaded (/etc/rc.d/init.d/scsdb2man)
     Active: active (running) since Fri 2017-08-11 18:43:22 PDT; 58min ago
# systemctl status scsdb2server.service
 scsdb2server.service - scsdb2server
     Loaded: loaded (/etc/systemd/system/scsdb2server.service; disabled; vendor preset: disabled)
     Active: active (running) since Fri 2017-08-11 18:43:26 PDT; 58min ago
```

也可以通过 netstat 命令查看相应端口是否开启，来检查服务是否开启。如果查询到各有一个 scsdb2man、scsdb2sn、scsdb2sqlnode 连接和两个 scsdb2server 连接，说明数据库服务开启成功。

```
# netstat -apn|grep scsdb2
tcp     0     0 0.0.0.0:2200     0.0.0.0:*     LISTEN     6355/scsdb2server
tcp     0     0 0.0.0.0:2180     0.0.0.0:*     LISTEN     6355/scsdb2server
tcp     0     0 0.0.0.0:2181     0.0.0.0:*     LISTEN     10673/scsdb2sn
tcp     0     0 0.0.0.0:2182     0.0.0.0:*     LISTEN     14395/scsdb2man
tcp     0     0 0.0.0.0:2183     0.0.0.0:*     LISTEN     31761/scsdb2sqlnode
```

使用 scsdbdn_multi report 命令查看数据节点状态，如果显示各个节点处于运行状态，说明数据节点服务开启成功。

```
# scsdbdn_multi report
scsdbdn version is 1.11
WARNING: Log file disabled. Maybe directory or file isn't writable?
scsdbdn_multi log file version 2.16; run: Wed Jul 26 17:10:13 2017
Reporting scsdbdn servers
scsdbdn server from group: scsdbdn2000 is running
scsdbdn server from group: scsdbdn2001 is running
scsdbdn server from group: scsdbdn2002 is running
scsdbdn server from group: scsdbdn2003 is running
```

3）关闭命令

使用 systemctl stop 命令关闭各个数据库服务。

```
# systemctl stop scsdb2sqlnode.service
```

```
# systemctl stop scsdb2man.service
# systemctl stop scsdb2sn.service
# systemctl stop scsdb2server.service
```

使用 scsdbdn_multi stop 命令关闭数据节点服务。

```
# scsdbdn_multi stop
```

scsdbdn version is 1.11

WARNING: Log file disabled. Maybe directory or file isn't writable?

scsdbdn_multi log file version 2.16; run: Wed Jul 26 17:18:13 2017

Stopping scsdbdn servers

...

2.2.6　卸载与升级

1. 卸载 SCSDB

前面讲述了 SCSDB 的安装过程，但有些时候还需要卸载 SCSDB，此时可以使用
scsdbcluster_uninstall 命令进行卸载操作。

scsdbcluster_uninstall 命令根据安装时配置的/etc/scs/cluster.conf 文件卸载 SCSDB 数据
库服务。

执行卸载命令如下：

```
#scsdbcluster_uninstall
```

...

unistall finished

192.168.0.94 uninstal scsdbclient ok

uninstalling scsdbclient finished!

uninstallation done

卸载过程中会有很多选项，用户可根据自己的需要选择进行卸载。

remove config file?[y/n...n]:

该提示表示是否要移除数据库的配置文件。

remove log files?[y/n...n]:

该提示表示是否要移除日志。

```
remove dbnd,man_dbu.shm,hkm,nodeid,specia_value file?[y/n...n]:
```

该提示表示是否要移除管理服务器端的这些配置文件。

```
remove autoid_db files?[y/n...n]:
```

该提示表示是否要移除序列号文件。

出现 uninstallation done 提示信息时标志卸载完成。

2．升级 SCSDB

当需要对 SCSDB 进行版本升级时，可使用 scsdbcluster_update 命令，这个命令根据 /etc/scs/cluster.conf 配置文件中的配置项，使用相应的新版本安装包升级数据库服务和节点服务(工具不会升级)。配置升级使用的/etc/scs/cluster.conf 文件的过程和安装规划时配置 cluster.conf 的过程一致，在此不再赘述。

执行升级的命令如下：

```
#scsdbcluster_update
update scsdb2 finish!
192.168.0.94 update scsdbclient ok
update scsdbclient finished!
update done
```

出现 update done 提示信息时标志升级完成。

升级时的注意事项有二：

(1) 为避免出现意外，请先对相关配置文件做好备份。

(2) 为避免出现意外，版本升级时应停止对数据库进行相关操作。

2.3　天云星数据库运维和管理

为便于数据库的运营维护，SCSDB 提供了 DAB 助手、集群管理工具(scmt)、数据节点管理工具(scsdbdnc2)、服务进程监控守护工具(scsmonitor)以及日志整理工具(scsdb2.0_log_purge)。

2.3.1　DBA 助手

DBA 助手是一款针对 SCSDB 的集群监控工具，能有效监控集群服务、数据均衡、数据备份、特殊值、主从数据、慢查询、性能、数据增量等信息，保证 SCSDB 稳定高效的运行，并提供自动巡检及预警通知机制，以让用户快速定位、解决存在的问题。

1．软件安装部署

(1) 安装前所需文件：

① apache-tomcart-7.0.64.tar.gz；

② bats.sql：存储 DBA 助手系统表的建表语句；

③ Bats.war：DBA 助手应用程序。

(2) 创建 DBA 助手所需要的系统库 bat。

(3) 在系统库 bat 中执行 bats.sql 文件中的语句。

(4) 新建目录/home/dba。

(5) 把 apache-tomcat-7.0.64.tar.gz 文件上传到服务器的/home/dba 目录下。

(6) 解压 apache-tomcat-7.0.64.tar.gz。

(7) 把 Bats.war 上传到/home/dba/apache-tomcat-7.0.64 下的 webapps 目录下。

(8) 进入到 tomcat 的 conf 目录下修改 server.xml 文件下的端口号。

DBA 助手端口号信息如表 2-7 所示。

表 2-7　DBA 助手端口号信息

Server port	Connector port	redirectPort	Connector AJP
8005	9080	8443	8009

```
<Server port="8005" shutdown="SHUTDOWN">
<Connector port="9080" protocol="HTTP/1.1"
           connectionTimeout="20000"
           redirectPort="8443" />
 <Connector port="8009" protocol="AJP/1.3" redirectPort="8443" />
```

(9) 进入到 tomcat 的 bin 目录下，执行./startup.sh 启动 tomcat。

(10) 进入到 tomcat 下的 webapps/Bats/WEB-INF/classes 目录下修改 user.properties 文件。

```
Database Server username and pwd for ssh
USERNAME=root  →  当前服务器的用户名
PASSWORD=root1234  →  当前服务器的登录密码


#Database info
driver=com.mysql.jdbc.Driver
DBDNCUSERNAME=SCS  →  SCSDB 用户名
DBDNCPASSWORD=123456  →  SCSDB 密码
driverUrl=jdbc:mysql://192.168.0.92:2200/bat?sqllog=false  →  数据库地
           址，需改 IP
DATABASE=bat  →  DBA 助手系统库名


#Your project deployment machine'ip
IP=192.168.0.92  →  当前服务器的 IP 地址


#database prefix
PREFIX=NO  →  数据是否有前缀（'NO'：没有前缀，'YES'：有前缀）


#whether sent messages
SENDMESSAGE=NO  →  是否发送预警信息（'NO'：不发送，'YES'：发送）
MESSAGELENGTH=100  →  每条信息的最大长度（'100'：每条信息最大长度为 100 字节）
USEPUBLICKEY=YES  →  YES：访问集群服务器时优先使用互信登录；NO：访问服务器时只
           用密码登录
PUBLICKEY=/root/.ssh/id_rsa  →  互信环境的公钥路径（默认路径
 'root/.ssh/id_rsa'，当 USEPUBLICK=YES 时，需配置此参数）
```

(11) 在 dynamicConfig.properties 中配置相关监控基准值以及不需要监控的表名前缀。

```
###数据均衡基准值
loadBalanceDifferenceThreshold=100000
###特殊值基准值
specialValueDifferenceThreshold=1000000
###特殊值大表数据量阈值
bigTableThreshold=2000000
###不需要监控的表前缀，用#分隔开
filterTbNamePrefix=qbxt_#stepx_
```

(12) 再重新启动 tomcat。

(13) 在 Chrome 浏览器上访问 http://当前服务器 IP:9080/Bats/。

2. 产品功能

1) 监控概况

监控概况用于供用户预览监控。监控概况通过不同颜色展示各模块的监控状态。监控概况的功能描述如下：

(1) 用颜色展示各模块的监控状态：

- 绿色：监控的所有状态均正常。
- 黄色：仅包含正常状态及一般异常状态。
- 红色：包含有严重异常状态。

(2) 点击可查看对应模块的监控概况，如图 2-7 所示。

图 2-7　集群监控概况预览

2) 集群服务监控

集群服务监控用于监控 SCSDB 的各服务状态，包括 scsdb2man、scsdb2server、scsdbdn、scsdb2sn、scsdb2sqlnode，并可以设置各服务的 VIRT 和 RES 值，如图 2-8 和图 2-9 所示。

图 2-8　集群服务监控详情页面(1)

图 2-9　集群服务监控详情页面(2)

集群服务监控的功能描述如下：

(1) 启动服务：启动数据库的相关服务。

(2) 关闭服务：关闭数据库的相关服务。

(3) 设置阈值：设置服务的 VIRT 和 RES 值。

(4) 导出 Excel 表：将监控信息导出到 Excel 表。

(5) 集群服务监控状态包括：

- 正常：当某个服务处于开启状态时，用绿色显示。

- 一般异常：当某个服务在(VIRT，RES)两个值所示范围之外时，用黄色预警。

- 严重异常：当某个服务处于关闭状态时，用红色预警。

备注：

VIRT(Virtual Image)：虚拟内存中含有共享库、共享内存、栈、堆，所有已申请的内存总空间，即物理内存。

RES(Resident size)：是进程正在使用的内存空间(栈、堆)，申请内存后该内存段已被重新赋值，即虚拟内存。

3）数据均衡监控

数据均衡监控用于监控数据表的数据分布在各个节点的均衡状况，即监控表在各节点存储的文件大小、索引大小、数据量、平均值及差值并预警，便于调整数据的分布，从而提升数据库的性能，如图 2-10～图 2-12 所示。

♠ 首页 › **数据均衡监控概况**

	序号	库名 ▲	表名 ▲	检测时间	状态 ▼	操作
☐	1	hcloud_dba	hanyun5	2017-07-27 18:36:34	严重异常 查看特殊值分布	查看详情
☐	2	hcloud_dba	hanyun1	2017-07-27 18:36:34	严重异常 查看特殊值分布	查看详情
☐	3	hcloud_dba	hanyun	2017-07-27 18:36:34	严重异常 查看特殊值分布	查看详情
☐	4	hcloud_dba	hanyun10	2017-07-27 18:36:34	正常	查看详情
☐	5	hcloud_dba	hanyun2	2017-07-27 18:36:34	正常	查看详情
☐	6	hcloud_dba	hanyun3	2017-07-27 18:36:34	正常	查看详情

图 2-10　数据均衡监控概况页面

♠ 首页 › 数据均衡监控 › **数据均衡设置**

新增监控　返回

SC SDB数据均衡列表

库名	表名	基准值	操作
hcloud_dba	hanyun9	7	✖删除
hcloud_dba	hanyun7	7	✖删除
hcloud_dba	hanyun6	7	✖删除
hcloud_dba	hanyun5	7	✖删除
hcloud_dba	hanyun4	7	✖删除
hcloud_dba	hanyun10	7	✖删除

图 2-11　数据均衡监控设置页面

♠ 首页 › **hcloud_dba.hanyun5数据均衡监控**

查询历史记录　返回

hcloud_dba.hanyun5数据均衡监控详情

序号	节点 ▲	端口 ▲	数据文件大小（GB）	索引文件大小（GB）	数据量（行）	平均值（行）	差值（行）	状态 ▼
1	192.168.0.93	2000	0.0001	0.0001	82	74	8	严重异常
2	192.168.0.93	2001	0.0001	0.0001	66	74	-8	一般异常

数据文件：0.0001 GB　索引文件：0.0001 GB　数据量：148 行

图 2-12　数据均衡详情信息页面

数据均衡监控的功能描述如下：

(1) 查看数据均衡监控概况。

(2) 监控设置：点击则跳转到监控设置的页面，对数据均衡监控进行新增和删除的操作。

(3) 查看详情：点击跳转详情显示页面。

(4) 查看特殊值分布：点击跳转特殊值分布详情页面。

(5) 数据均衡监控状态包括：

- 正常：(节点数据量 − 均值的绝对值) < 基准值，用绿色显示。
- 一般异常：节点数据量 < 均值 并且(均值 − 节点数据量) > 基准值，用黄色预警。
- 严重异常：节点数据量 > 均值 并且(节点数据量 − 均值) > 基准值，用红色预警。

注：均值计算方法如下：

$$\frac{\text{监控表数据量加总}}{\text{表所在数据库分布的节点个数}}$$

数据均衡监控概况页面及设置页面分别如图 2-10 和图 2-11 所示。数据均衡详情信息页面如图 2-12 所示。

4) 数据备份监控

数据备份监控显示数据备份监控概况，监控主、从节点备份关系是否正常，保障数据备份及恢复的可靠性，如图 2-13、图 2-14 所示。

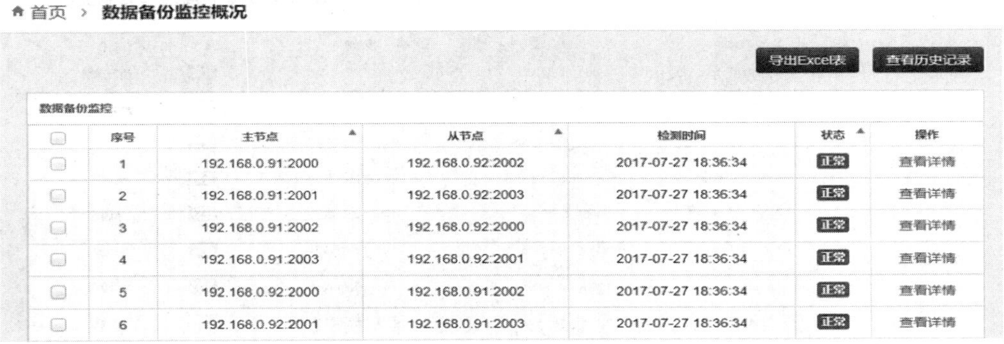

首页 › 数据备份监控概况
导出Excel表
查看历史记录
数据备份监控
序号 主节点 从节点 检测时间 状态 操作
1 192.168.0.91:2000 192.168.0.92:2002 2017-07-27 18:36:34 正常 查看详情
2 192.168.0.91:2001 192.168.0.92:2003 2017-07-27 18:36:34 正常 查看详情
3 192.168.0.91:2002 192.168.0.92:2000 2017-07-27 18:36:34 正常 查看详情
4 192.168.0.91:2003 192.168.0.92:2001 2017-07-27 18:36:34 正常 查看详情
5 192.168.0.92:2000 192.168.0.91:2002 2017-07-27 18:36:34 正常 查看详情
6 192.168.0.92:2001 192.168.0.91:2003 2017-07-27 18:36:34 正常 查看详情

图 2-13 数据备份监控概况页面

数据备份监控详细信息
×
File:scsdbdn-bin.000005
Position:238871
Binlog_Do_DB:
Binlog_Ignore_DB:
Slave_IO_State:Waiting for master to send event
Master_Host:192.168.0.91
Master_User:SCS
Master_Port:2000
Connect_Retry:60
Master_Log_File:scsdbdn-bin.000005
Read_Master_Log_Pos:238871
Relay_Log_File:node2-relay-bin.000028
Relay_Log_Pos:239018
Relay_Master_Log_File:scsdbdn-bin.000005
确定

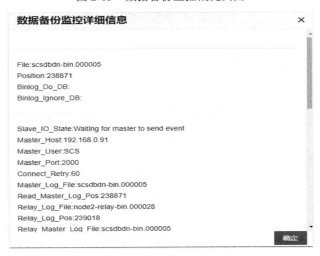

图 2-14 数据备份详情信息显示

数据备份监控功能描述如下：

(1) 查看详情：点击跳转详情显示页面。

(2) 数据备份监控状态包括：

· 正常：Slave_SQL_Running 字段是 "Yes" 且 Slave_IO_Running 字段是 "Yes"，用绿色显示。

· 异常：Slave_SQL_Running 字段是 "NO" 或 Slave_IO_Running 字段是 "NO"，用红色预警。

数据备份监控概况页面及详细信息显示分别如图 2-13 和图 2-14 所示。

5) 特殊值监控

特殊值监控用于显示特殊值监控详情，查看数据表中特殊值和 Hash 值在各个节点的分布详情，如有异常给出警告。特殊值监控中把表分为三类：① 普通表：非 Hash 表，不需要检测分布状态；② 小表：Hash 表且数据总量小于 "大表数据量阈值"；③ 大表：Hash 表且数据总量大于 "大表数据量阈值"。特殊值监控如图 2-15～图 2-17 所示。

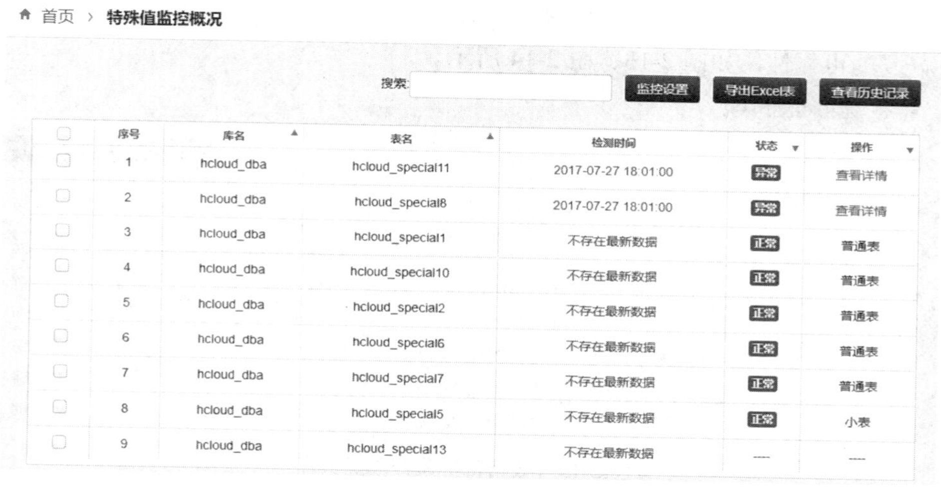

图 2-15　特殊值监控概况页面

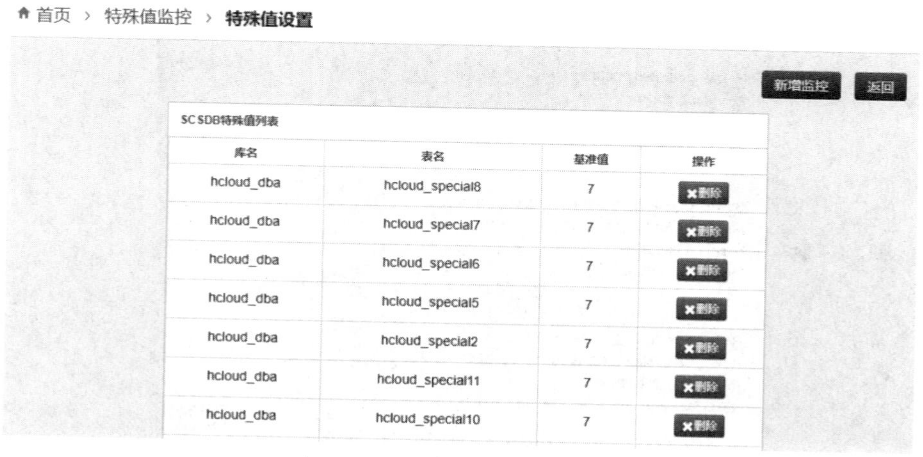

图 2-16　特殊值监控设置页面

♠ 首页 › **hcloud_dba.hcloud_special8特殊值监控检测详情**

查询历史记录　返回

hcloud_dba.hcloud_special8特殊值监控详情

序号	id	总量（行）	是否特殊值	状态	操作
1	a	52	否	异常	查看分布
2	d	1	否	正常	----
3	c	1	否	正常	----

图 2-17　特殊值监控检测详情页面

特殊值监控功能描述如下：

(1) 监控设置：跳转到监控设置页面，对特殊值监控进行新增和删除操作。

(2) 查看详情：跳转到详情显示页面，可查看指定记录的特殊值和 Hash 值分布状况。

(3) 特殊值监控状态包括：

·　正常：① 普通表、小表；② 大表特殊值的数据量小于基准值；③ 大表的特殊值数据量大于基准值且大表特殊值差值的绝对值小于基准值。

·　一般异常：① 大表的 Hash 值数据量大于基准值；② 大表的特殊值数据量大于基准值，大表特殊值的差值小于零且差值的绝对值大于基准值。

·　严重异常：大表的特殊值数据量大于基准值，大表特殊值差值大于零且差值的绝对值大于基准值。

注：大表的特殊值数据量大于基准值时，才检测特殊值的分布。

特殊值均值 = 特殊值总数据量/节点数。

差值计算方法：特殊值数据量 − 特殊值均值。

6) 主从数据监控

主从数据监控显示数据表在主节点和从节点上的数据监控概况，如图 2-18 和图 2-19 所示。

♠ 首页 › **主从数据监控概况**

搜索　　　　　　　　监控设置　导出Excel表　查看历史记录

	序号	库名	表名	检测时间	状态	操作
☐	1	hcloud_dba	hcloud_master_slave	2017-07-27 18:36:34	一般异常	查看详情
☐	2	hcloud_dba	hcloud_master_slave1	2017-07-27 18:36:34	正常	查看详情
☐	3	hcloud_dba	hcloud_master_slave2	2017-07-27 18:36:34	正常	查看详情
☐	4	hcloud_dba	hcloud_master_slave3	2017-07-27 18:36:34	正常	查看详情
☐	5	hcloud_dba	hcloud_master_slave4	2017-07-27 18:36:34	正常	查看详情
☐	6	hcloud_dba	hcloud_master_slave5	2017-07-27 18:36:34	正常	查看详情

图 2-18　主从数据监控概况页面

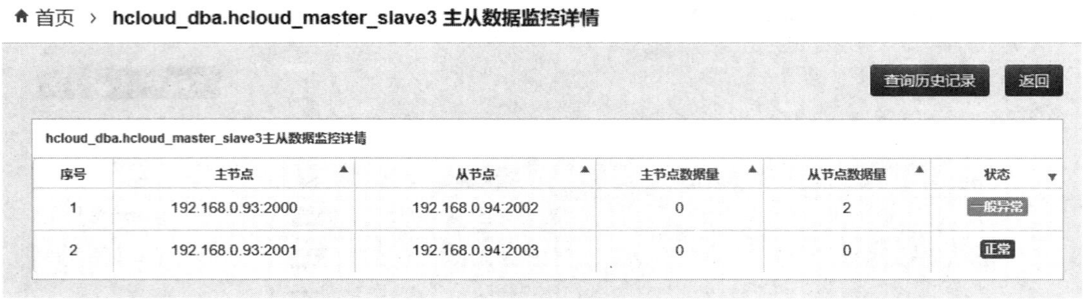

首页 › hcloud_dba.hcloud_master_slave3 主从数据监控详情
查询历史记录
返回
hcloud_dba.hcloud_master_slave3主从数据监控详情
序号 主节点 从节点 主节点数据量 从节点数据量 状态
1 192.168.0.93:2000 192.168.0.94:2002 0 2 一般异常
2 192.168.0.93:2001 192.168.0.94:2003 0 0 正常

图 2-19　主从数据监控详情页面

主从数据监控功能描述如下：

(1) 监控设置：跳转到监控设置页面，对主从数据监控进行新增和删除操作。

(2) 查看详情：跳转到详情显示页面，查看指定数据表在主从节点上的数据监控详情。

(3) 主从数据状态包括：

- 正常：主节点数据量 = 从节点数据量，用绿色显示。
- 一般异常：主节点数据量 > 从节点数据量，用黄色预警。
- 严重异常：主节点数据量 < 从节点数据量，用红色预警。

主从数据监控概况页面与详情页面分别如图 2-18 和图 2-19 所示。

7) 慢查询监控

慢查询监控显示慢查询监控详情，展示慢查询操作信息，包括用户名、客户端 IP 和端口、服务器 IP 和端口、SCSQL、开始执行时间、执行结束时间、执行消耗的时间，如图 2-20 和图 2-21 所示。

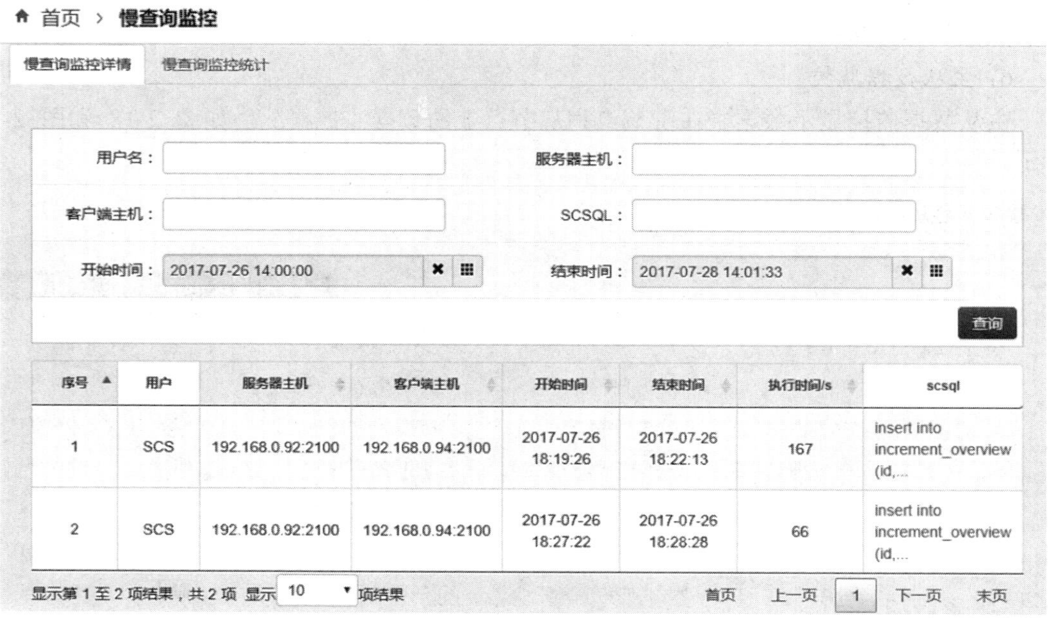

首页 › 慢查询监控
慢查询监控详情
慢查询监控统计
用户名：
服务器主机：
客户端主机：
SCSQL：
开始时间：2017-07-26 14:00:00
结束时间：2017-07-28 14:01:33
查询
序号 用户 服务器主机 客户端主机 开始时间 结束时间 执行时间/s scsql
1 SCS 192.168.0.92:2100 192.168.0.94:2100 2017-07-26 18:19:26 2017-07-26 18:22:13 167 insert into increment_overview (id,...
2 SCS 192.168.0.92:2100 192.168.0.94:2100 2017-07-26 18:27:22 2017-07-26 18:28:28 66 insert into increment_overview (id,...
显示第 1 至 2 项结果，共 2 项 显示 10 项结果
首页 上一页 1 下一页 末页

图 2-20　慢查询监控详情页面

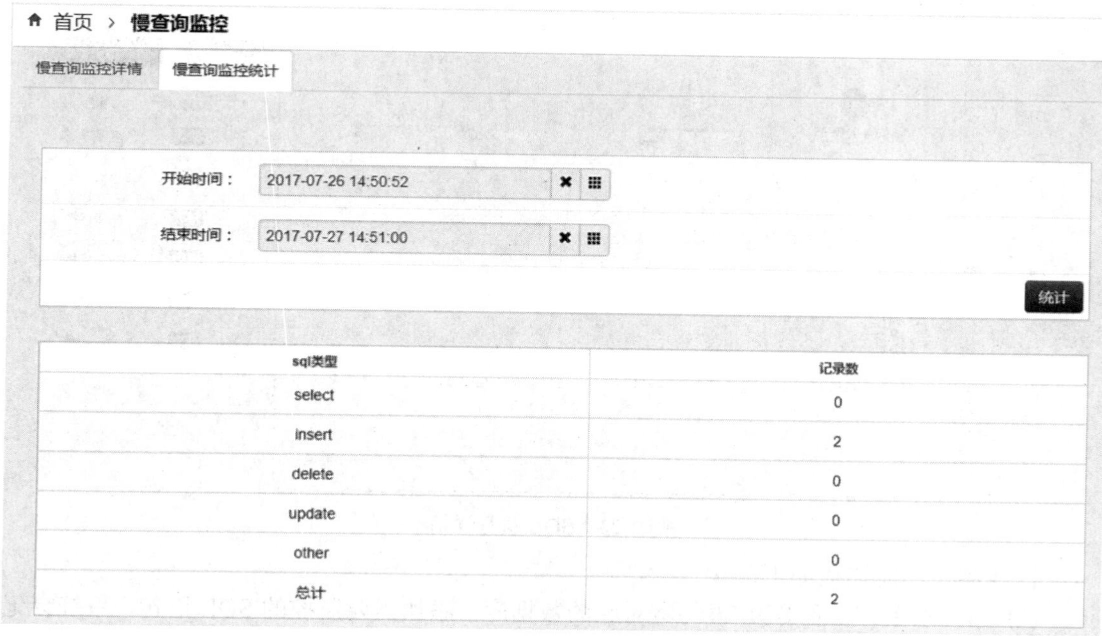

↑ 首页 › **慢查询监控**

| 慢查询监控详情 | 慢查询监控统计 |

开始时间： 2017-07-26 14:50:52 ✕ ▦

结束时间： 2017-07-27 14:51:00 ✕ ▦

统计

sql类型	记录数
select	0
insert	2
delete	0
update	0
other	0
总计	2

图 2-21 慢查询监控统计页面

慢查询监控功能描述如下：

(1) 慢查询监控详情：可在指定时间内查询指定用户名、客户端主机、服务器端主机、SCSQL 的查询详情。

(2) 慢查询监控统计：分类统计慢查询监控。

8) 性能监控

性能监控显示性能监控详情，指定 SQL 语句在指定数据库中的执行效率监控，如图 2-22 和图 2-23 所示。

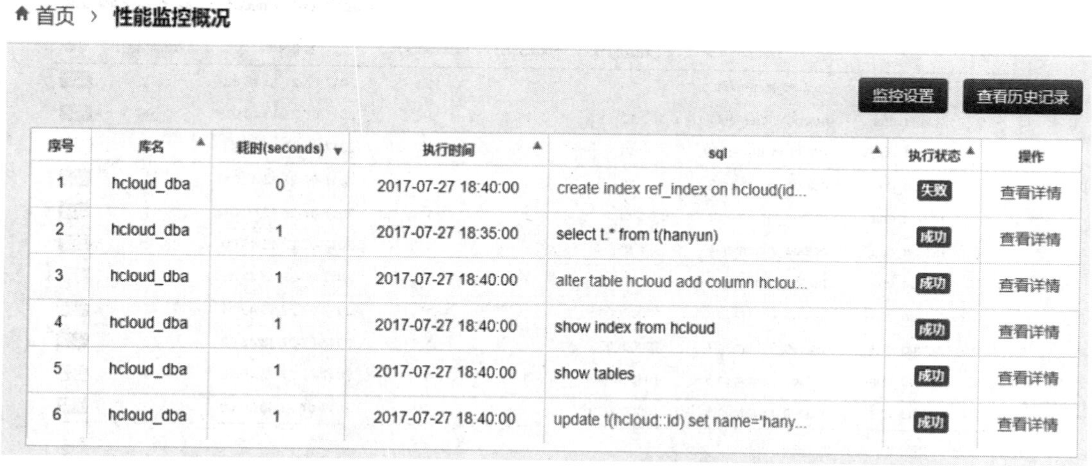

↑ 首页 › **性能监控概况**

监控设置　查看历史记录

序号	库名 ▲	耗时(seconds) ▼	执行时间 ▲	sql ▲	执行状态 ▲	操作
1	hcloud_dba	0	2017-07-27 18:40:00	create index ref_index on hcloud(id...	失败	查看详情
2	hcloud_dba	1	2017-07-27 18:35:00	select t.* from t(hanyun)	成功	查看详情
3	hcloud_dba	1	2017-07-27 18:40:00	alter table hcloud add column hclou...	成功	查看详情
4	hcloud_dba	1	2017-07-27 18:40:00	show index from hcloud	成功	查看详情
5	hcloud_dba	1	2017-07-27 18:40:00	show tables	成功	查看详情
6	hcloud_dba	1	2017-07-27 18:40:00	update t(hcloud::id) set name='hany...	成功	查看详情

图 2-22 性能监控概况页面

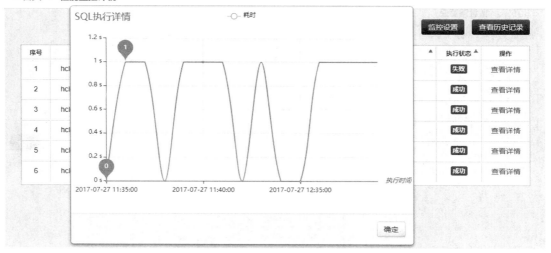

图 2-23　SQL 执行详情

性能监控功能描述如下：

(1) 监控设置：设置 SQL 语句所对应的数据库，添加需要监控的 SQL 语句，系统会记录 SQL 语句执行时间，并绘制成图表，便于分析集群性能的变化趋势。

(2) 性能监控状态包括：

- 成功：执行成功，用绿色显示。
- 失败：执行失败，用红色预警。

9) 数据增量监控

数据增量监控显示数据增量监控的概况，周期性的监控数据表中数据的增量情况，以便用户做出相应的增量调整，如图 2-24 和图 2-25 所示。

⌂ 首页 ＞ **数据增量监控概况**

	序号	库名	表名	上限阈值(行)	下限阈值(行)	检测频率(天)	检测时间	数据增量(行)	状态
☐	1	hcloud_dba	hcloud_increment	10	1	1	2017-07-27 13:40:00	0	异常
☐	2	hcloud_dba	hcloud_increment1	10	1	1	2017-07-27 13:40:01	0	异常
☐	3	hcloud_dba	hcloud_increment10	10	1	1	2017-07-27 13:40:01	0	异常
☐	4	hcloud_dba	hcloud_increment2	10	1	1	2017-07-27 13:40:01	0	异常
☐	5	hcloud_dba	hcloud_increment3	10	1	1	2017-07-27 12:00:01	0	异常
☐	6	hcloud_dba	hcloud_increment4	10	1	1	2017-07-27 13:40:00	2	正常
☐	7	hcloud_dba	hcloud_increment5	10	1	1	2017-07-27 13:40:01	2	正常
☐	8	hcloud_dba	hcloud_increment6	100000000	1	1	2017-07-27 13:40:01	2	正常
☐	9	hcloud_dba	hcloud_increment7	100000000	1	1	2017-07-27 13:40:00	2	正常
☐	10	hcloud_dba	hcloud_increment8	100000000	1	1	2017-07-27 13:40:00	2	正常
☐	11	hcloud_dba	hcloud_increment9	100000000	1	1	2017-07-27 13:40:00	2	正常

显示第 1 至 11 项结果，共 11 项 显示 100 ▼ 项结果　　　　　　首页　上一页　1　下一页　末页

图 2-24　数据增量监控概况页面

图 2-25　增量监控设置

数据增量监控功能描述如下：

(1) 监控设置：在监控设置页面新增或者删除数据增量监控记录，还可修改监控的间隔频率和数据增量的上下限阈值。

(2) 清除任务：一键清除所有增量监控记录。

(3) 数据增量监控状态包括：

- 正常：表数据增量在上下限范围内，用绿色显示。
- 异常：表数据增量在上下限范围外，用红色预警。

2.3.2　集群管理工具

1．集群管理工具简介

天云星集群管理工具 scmt(SCS Cluster Manager Tool)，用来简单、快速地在集群多台服务器上执行相同的 shell 命令。

scmt 作为 SCSDB 的一个组件，在安装 SCSDB 时已一起安装。如果机器上已经安装 scmt，可以跳过"安装"一节。

2．scmt 的安装

(1) 在 Linux 控制台直接输入 scmt 查看是否已安装 scmt。显示结果若为：

```
# scmt
please input like this:
scmt 'cmd' firstIP  lastIP configfile
```

表示已安装 scmt，可跳过后续步骤。显示结果若为：

```
# scmt
-bash: scmt: command not found
```

则表示未安装 scmt，需进行安装。

(2) 解压 scmt_v1.0.0.tar.gz 文件。代码如下：

```
# tar -zxvf scmt_v1.0.0.tar.gz
scmt_v1.0.0/
scmt_v1.0.0/readme
scmt_v1.0.0/scmt
scmt_v1.0.0/install.sh
scmt_v1.0.0/addr.conf
```

(3) 进入 scmt_v1.0.0 目录下执行如下安装脚本：

```
# cd scmt_v1.0.0/
# ./install.sh
```

3. 配置服务器 IP

在 /etc/scs/ 路径下的 addr.conf 文件中配置需要管理的服务器 IP 信息。

注意：每行只能写一个 IP，文件末尾不能有空行。

配置完成的配置文件如下：

```
# cat /etc/scs/addr.conf
192.168.0.91
192.168.0.92
192.168.0.93
192.168.0.94
```

4. scmt 的使用

1) 命令格式

命令格式如下：

```
scmt 'cmd' firstIP lastIP configfile
```

说明：

(1) 起始 IP 地址和结束 IP 地址以配置文件中配置的 IP 地址顺序为标准。

(2) IP 地址区间为闭区间，即执行 shell 命令的节点包含起始和结束节点。

(3) configfile 即配置文件路径，此处为/etc/scs/addr.conf。

2) 使用单台服务器

配置文件中需将起始 IP 地址和结束 IP 地址设置为同一个。

如下显示 IP 地址为 192.168.0.93 服务器的磁盘容量。执行示例如下：

```
# scmt 'df -h' 192.168.0.93 192.168.0.93 /etc/scs/addr.conf
read /etc/scs/addr.conf ...
```

```
the addr count is [4]
start check first IP an last IP...
the node in  [2 ~ 2]
start excute the cmds.
[192.168.0.93] -> df -h
```

文件系统	容量	已用	可用	已用%	挂载点
/dev/sdb2	30G	7.8G	23G	26%	/
devtmpfs	7.8G	0	7.8G	0%	/dev
tmpfs	7.8G	100K	7.8G	1%	/dev/shm
tmpfs	7.8G	148M	7.6G	2%	/run
tmpfs	7.8G	0	7.8G	0%	/sys/fs/cgroup
/dev/sda1	247G	33M	247G	1%	/home/sda
/dev/sdb3	20G	358M	20G	2%	/var/scs
/dev/sdb1	229G	33M	229G	1%	/home/sdb
tmpfs	1.6G	16K	1.6G	1%	/run/user/42
tmpfs	1.6G	0	1.6G	0%	/run/user/0
/dev/sdc1	274G	173G	88G	67%	/home/sdc

```
shell over !
```

3) 使用多台服务器

如显示 IP 地址为 192.168.0.92 到 192.168.0.94 服务器的磁盘容量。执行命令如下：

```
# scmt 'df -h' 192.168.0.92 192.168.0.94 /etc/scs/addr.conf
read /etc/scs/addr.conf ...
the addr count is [4]
start check first IP an last IP...
the node in  [1 ~ 3]
start excute the cmds.
[192.168.0.92] -> df -h
```

文件系统	容量	已用	可用	已用%	挂载点
/dev/sdb2	30G	7.7G	23G	26%	/
devtmpfs	7.8G	0	7.8G	0%	/dev
tmpfs	7.8G	108K	7.8G	1%	/dev/shm
tmpfs	7.8G	162M	7.6G	3%	/run
tmpfs	7.8G	0	7.8G	0%	/sys/fs/cgroup
/dev/sda1	247G	33M	247G	1%	/home/sda
/dev/sdb3	20G	1.6G	19G	8%	/var/scs
/dev/sdb1	229G	33M	229G	1%	/home/sdb
tmpfs	1.6G	16K	1.6G	1%	/run/user/42
tmpfs	1.6G	0	1.6G	0%	/run/user/0

```
/dev/sdc1              274G       219G      42G       85%       /home/sdc
```

[192.168.0.93] -> df -h

文件系统	容量	已用	可用	已用%	挂载点
/dev/sdb2	30G	7.8G	23G	26%	/
devtmpfs	7.8G	0	7.8G	0%	/dev
tmpfs	7.8G	100K	7.8G	1%	/dev/shm
tmpfs	7.8G	148M	7.6G	2%	/run
tmpfs	7.8G	0	7.8G	0%	/sys/fs/cgroup
/dev/sda1	247G	33M	247G	1%	/home/sda
/dev/sdb3	20G	354M	20G	2%	/var/scs
/dev/sdb1	229G	33M	229G	1%	/home/sdb
tmpfs	1.6G	16K	1.6G	1%	/run/user/42
tmpfs	1.6G	0	1.6G	0%	/run/user/0
/dev/sdc1	274G	173G	88G	67%	/home/sdc

[192.168.0.94] -> df -h

文件系统	容量	已用	可用	已用%	挂载点
/dev/sdb2	30G	6.2G	24G	21%	/
devtmpfs	7.8G	0	7.8G	0%	/dev
tmpfs	7.8G	100K	7.8G	1%	/dev/shm
tmpfs	7.8G	139M	7.7G	2%	/run
tmpfs	7.8G	0	7.8G	0%	/sys/fs/cgroup
/dev/sda2	247G	33M	247G	1%	/home/sda
/dev/sdb3	20G	85M	20G	1%	/var/scs
/dev/sdb1	229G	33M	229G	1%	/home/sdb
tmpfs	1.6G	16K	1.6G	1%	/run/user/42
tmpfs	1.6G	0	1.6G	0%	/run/user/0
/dev/sdc1	274G	169G	92G	65%	/home/sdc

```
shell over !
```

2.3.3　数据节点管理工具

1. 数据节点管理工具介绍

数据节点管理工具(scsdbdnc2)用来管理 SCSDB 数据节点,可以连接单个数据节点,也可以同时连接多个数据节点进行批量操作。

scsdbdnc2 作为 SCSDB 的一个组件,在安装 SCSDB 时已经一起安装了。如果机器上已安装 scsdbdnc2,可以跳过"安装"一节。

2. 安装与卸载

1) 安装 sosdbdnc2

(1) 首先检查该服务器上是否已经安装了 scsdbdnc2 工具。

在 shell 中执行 scsdbdnc2，如果有提示语句，说明已经安装了该工具，用户可以跳过安装。如果提示命令没有找到，说明尚未安装此工具。命令如下：

```
# scsdbdnc2
please input such as:
scsdbdnc2 -m user passwd cfgfile
or
scsdbdnc2 -s user passwd host port
```

(2) 解压安装包 scsdbdnc_v2.0.0.tar.gz。命令如下：

```
# tar -zxvf scsdbdnc_v2.0.0.tar.gz
scsdbdnc_v2.0.0/
scsdbdnc_v2.0.0/install.sh
scsdbdnc_v2.0.0/readme.txt
scsdbdnc_v2.0.0/scsdbdnc
scsdbdnc_v2.0.0/scsdbdnc.conf
scsdbdnc_v2.0.0/scsdbdnc2
scsdbdnc_v2.0.0/uninstall.sh
```

(3) 进入解压目录并执行安装脚本，代码如下：

```
# cd scsdbdnc_v2.0.0
# ./install.sh
```

2) 卸载 scsdbdnc2

进入安装目录(即解压目录)，执行如下卸载命令：

```
# cd scsdbdnc_v2.0.0
# ./uninstall.sh
```

3. 使用 scsdbdnc2

1) 工具启动

连接单个数据节点：

```
scsdbdnc2 -s user passwd host port
```

说明：

user：用户名。

passwd：密码。

host：数据节点 IP。

port：数据节点端口。

此时 scsdbdnc2 连接 host 和 port 指定的数据节点。scsdbdnc2 中 SCSQL 语句以分号结束。如下所示：

```
# scsdbdnc2 -s SCS 123456 192.168.0.91 2000
scsdbdnc version is 2.0.0
192.168.0.91 2000 SCS 123456
```

```
please input scsql command or 'exit'
scsdbdnc2>show databases;
*************************************************
192.168.0.91-2000 <show databases> results is :
+--------------------+
|Database            |
+--------------------+
|hcloud              |
|test                |
+--------------------+
rows:2
total time: 0.00299 sec
```

也可以通过配置文件连接多个节点：

```
scsdbdnc2 -m user passwd cfgfile
```

说明：

cfgfile：配置文件名。

scsdbdnc2 会连接配置文件中每一个数据节点。

编辑/etc/scs/scsdbdnc.conf，每一行指定一个数据节点，格式为"IP:PORT"：

```
192.168.0.91:2000
192.168.0.91:2001
192.168.0.92:2000
192.168.0.92:2001
192.168.0.93:2000
192.168.0.93:2001
192.168.0.94:2000
192.168.0.94:2001
```

使用上面的/etc/scs/scsdbdnc.conf配置文件，连接一批数据节点：

```
# scsdbdnc2 -m SCS 123456 /etc/scs/scsdbdnc.conf
scsdbdnc version is 2.0.0
192.168.0.91 2000 SCS 123456
192.168.0.91 2001 SCS 123456
192.168.0.92 2000 SCS 123456
192.168.0.92 2001 SCS 123456
192.168.0.93 2000 SCS 123456
192.168.0.93 2001 SCS 123456
192.168.0.94 2000 SCS 123456
192.168.0.94 2001 SCS 123456
```

```
please input scsql command or 'exit'
scsdbdnc2>show databases;
*****************************************************
192.168.0.91-2000 <show databases> results is :
+----------------------+
|Database              |
+----------------------+
|hcloud                |
|test                  |
+----------------------+
rows:2
*****************************************************
192.168.0.92-2000 <show databases> results is :
+----------------------+
|Database              |
+----------------------+
|hcloud                |
|test                  |
+----------------------+
rows:2
...
```

2) 退出工具

用 exit 命令退出 scsdbdnc2：

scsdbdnc2>exit;

3) 工具扩展功能

(1) 模糊查询任务功能。查询正在执行并且 SQL 语句符合或者不符合 pattern 的任务，语法如下：

```
SHOW PROCESSLIST (LIKE|NOT LIKE) 'pattern'
```

例如查询当前正在向 student 表插入数据的任务：

scsdbdnc2>show processlist like '%insert%student%';

(2) 批量终止任务功能。终止正在执行并且 SCSQL 语句符合或者不符合 pattern 的任务，语法如下：

```
KILL (LIKE|NOT LIKE) 'pattern'
```

例如终止当前正在向 student 表插入数据的任务：

scsdbdnc2>kill like '%insert%student%';

(3) %ALLTABLES%功能。如果 SCSQL 语句里面出现%ALLTABLES%，表示对当前

库的所有表都执行该 SCSQL 语句。示例如下：

```
scsdbdnc2>select count(*) from %ALLTABLES%;
***********************************************
192.168.0.91-2000 <select count(*) from course> results is :
+----------+
|count(*)  |
+----------+
|1         |
+----------+
rows:1
***********************************************
192.168.0.91-2000 <select count(*) from course_view> results is :
+----------+
|count(*)  |
+----------+
|1         |
+----------+
rows:1
...
```

(4) 重定向功能。scsdbdnc2 工具可以把查询结果集重定向到文件中。重定向输出的结果除了数据节点返回的结果集之外，还增加了 dn_host 和 dn_port 列，分别表示该数据节点的 IP 和端口号。示例如下：

```
# scsdbdnc2 -s SCS 123456 192.168.0.91 2000
scsdbdnc version is 2.0.0
192.168.0.91 2000 SCS 123456
please input scsql command or 'exit'
scsdbdnc2>use hcloud;
[192.168.0.91-2000] query [use hcloud] ok! the result set is empty!warnings:0,
affected rows:0
total time: 0.00184 sec
***********************************************
please input scsql command or 'exit'
scsdbdnc2>select * from course >> course.txt;
192.168.0.91-2000 query results redirect to course.txt :
total time: 0.00210 sec
***********************************************
please input scsql command or 'exit'
scsdbdnc2>
```

查看重定向目标文件 course.txt, 内容如下:

```
* * * * * * * * * * * * * * * * * * * * * * * * * * * * * * * * * * * * * *
192.168.0.91-2000 <select * from course> results is:
+--------------+--------+-------+-----------+-------+
|dn_host       |dn_port |cno    |cname      |credit |
+--------------+--------+-------+-----------+-------+
|192.168.0.91  |2000    |22     |大学英语    |4      |
+--------------+--------+-------+-----------+-------+
rows:1
```

2.3.4　服务进程监控守护工具

1. 服务进程监控守护工具简介

服务进程监控守护工具(scsmonitor)用来定期(默认是 3 秒)监控 SCSDB 各子系统 scsdb2server、scsdb2sqlnode、scsdb2man、scsdb2sn、scsdbdn 以及其他服务的运行情况, 如果发现某个服务崩溃, scsmonitor 会自动将该服务重启。scsmonitor 是开机自动启动工具。

scsmonitor 可以监控 scsdbdn 数据节点、SCSDB 服务、SYNCD、scsdb2.0_log_purge、tomcat 应用程序以及其他程序。

scsmonitor 作为 SCSDB 的一个组件, 在安装 SCSDB 时已经一起安装。如果机器上已经安装了 scsmonitor, 可以跳过"安装"一节。

2. 安装与卸载

1) 安装 scsmonitor

(1) 在 Linux 控制台输入 scsmonitor, 查看是否已安装 scsmonitor。显示结果若为:

```
# scsmonitor
usage
:scsmonitor [-v | start | stop | restart | status]
```

表示已安装 scsmonitor, 可忽略后续步骤。显示结果若为:

```
# scsmonitor
-bash: scsmonitor: command not found
```

则表示未安装 scsmonitor, 需进行安装。

(2) 解压安装包。代码如下:

```
# tar -zxvf scsmonitor_V2.0.0.tar.gz
scsmonitor_V2.0.0/
scsmonitor_V2.0.0/install.sh
scsmonitor_V2.0.0/readme.txt
scsmonitor_V2.0.0/scsmonitor
scsmonitor_V2.0.0/scsmonitor.conf
```

```
scsmonitor_V2.0.0/scsmonitor.sh
scsmonitor_V2.0.0/uninstall.sh
```

(3) 在 scsmonitor_V2.0.0 目录下执行安装脚本：

```
# cd scsmonitor_V2.0.0
# ./install.sh
```

2) 卸载 scsmonitor

在 scsmonitor_V2.0.0 目录下执行卸载脚本即可：

```
# cd scsmonitor_V2.0.0
# ./uninstall.sh
```

3. 文件配置

安装完后，需进行文件配置，默认配置文件路径为/etc/scs/scsmonitor/scsmonitor.conf。
配置文件的监控对象可分为以下三类：

(1) scsdbdn 数据节点。

(2) SCSDB 相关服务，格式为"服务名：端口号"。

(3) 其他应用程序，格式为"程序名：进程唯一标识：程序启动命令"。

对于不需监控的进程，注释即可，配置文件必须以#end 行结尾，且中间不能有空行。
示例如下：

```
# vi /etc/scs/scsmonitor/scsmonitor.conf
#监控数据节点 scsdbdn，不需监控则注释
scsdbdn
#监控 scsdb 相关服务，格式"服务名:端口号"
scsdb2sqlnode:2183
scsdb2man:2182
scsdb2sn:2181
scsdb2server:2180
#监控其他应用程序，格式"程序名:进程唯一标识:进程启动命令"
syncd:syncd.conf:/usr/bin/syncd -c /etc/scs/syncd.conf -l WARN
scsdbsync:scsdbsync.conf:/usr/bin/scsdbsync -c /etc/scs/scsdbsync.conf
--ignore
tomcat:qbxt:/home/qbxt/tomcat/bin/startup.sh
scslogpurge:scslogpurge.conf:/usr/bin/scslogpurge
#配置文件必须以#end 行结尾，且中间不能有空行
#end
```

4. scsmonitor 的使用

1) 命令格式

命令格式如下：

```
scsmonitor [-v | start | stop | restart | status]
```

说明：

-v ： 查看版本信息

```
# scsmonitor -v
Version:2.0.0
```

start：启动监控程序

```
# scsmonitor start
```

stop：停止监控程序

```
# scsmonitor stop
```

restart：重启监控程序

```
# scsmonitor restart
```

status：查看监控程序状态

```
# scsmonitor status
scsmonitor is running
```

2）监控日志

用户可通过查看监控日志分析服务的运行状态。监控日志存放路径：

/var/scs/logs/scsmonitor/scsmonitor.log

★ 示例 1：监控 scsdbdn 数据节点。

（1）编辑/etc/scs/scsmonitor/scsmonitor.conf，内容如下：

```
scsdbdn
#end
```

（2）启动 scsmonitor。

```
# scsmonitor start
# scsmonitor status
scsmonitor is running
```

（3）停止 scsdbdn 数据节点，等待 3 秒，然后查看数据节点运行状态。

```
# scsdbdn_multi stop
scsdbdn version is 1.11
WARNING: Log file disabled. Maybe directory or file isn't writable?
scsdbdn_multi log file version 2.16; run: 四 8月 10 09:22:51 2017

Stopping scsdbdn servers
# scsdbdn_multi report
scsdbdn version is 1.11
...
scsdbdn server from group: scsdbdn2000 is running
scsdbdn server from group: scsdbdn2001 is running
scsdbdn server from group: scsdbdn2002 is running
```

```
scsdbdn server from group: scsdbdn2003 is running
...
```

(4) 查看 scsmonitor 监控日志。

 # vi /var/scs/logs/scsmonitor/scsmonitor.log

```
2017-08-10~15:51:15 - scsdbdn is not running
2017-08-10~15:51:15 - scsdbdn_multi stop && killall scsdbdn && scsdbdn_multi
start
2017-08-10~15:51:15 - restart scsdbdn success
```

从日志可以看出，scsmonitor 重启数据节点成功。

★ **示例 2**：监控 SCSDB 相关服务。

(1) 编辑/etc/scs/scsmonitor/scsmonitor.conf，内容如下：

```
scsdbdn
scsdb2sqlnode:2183
scsdb2man:2182
scsdb2sn:2181
scsdb2server:2180
#end
```

(2) 启动 scsmonitor。

 # scsmonitor start

 # scsmonitor status

```
scsmonitor is running
```

(3) 停止 scsdb2server、scsdb2sqlnode、scsdb2man、scsdb2sn 服务。

 # systemctl stop scsdb2sqlnode.service

 # systemctl stop scsdb2man.service

 # systemctl stop scsdb2sn.service

 # systemctl stop scsdb2server.service

(4) 查看 scsmonitor 监控日志。代码如下：

 # vi /var/scs/logs/scsmonitor/scsmonitor.log

```
2017-08-10~19:10:18 - scsdb2server is not running
2017-08-10~19:10:18 - systemctl restart scsdb2server
2017-08-10~19:10:18 - restart scsdb2server success
2017-08-10~19:10:22 - scsdb2sqlnode is not running
2017-08-10~19:10:22 - systemctl restart scsdb2sqlnode.service
2017-08-10~19:10:22 - restart scsdb2sqlnode success
2017-08-10~19:10:26 - scsdb2man is not running
2017-08-10~19:10:26 - systemctl restart scsdb2man.service
```

```
2017-08-10~19:10:26 - restart scsdb2man success
2017-08-10~19:10:33 - scsdb2sn is not running
2017-08-10~19:10:33 - systemctl restart scsdb2sn.service
2017-08-10~19:10:33 - restart scsdb2sn success
```

从日志中可看出，scsmonitor 重启了 scsdb2server、scsdb2sqlnode、scsdb2man、scsdb2sn 服务。

★ **示例 3**：监控其他应用程序，以 tomcat 为例。

(1) 编辑/etc/scs/scsmonitor/scsmonitor.conf，内容如下：

```
tomcat:qbxt:/home/qbxt/tomcat/bin/startup.sh
#end
```

(2) 启动 scsmonitor。

 # *scsmonitor start*

 # *scsmonitor status*

```
scsmonitor is running
```

(3) 停止 tomcat，命令如下：

 # */home/qbxt/tomcat/bin/shutdown.sh*

(4) 查看 scsmonitor 监控日志，重启 tomcat 成功。

 # *vi /var/scs/logs/scsmonitor/scsmonitor.log*

```
2017-08-10~19:50:40 - tomcat qbxt is not running
2017-08-10~19:50:40 - /usr/bin/nohup /home/qbxt/tomcat/bin/startup.sh
2017-08-10~19:50:40 - restart tomcat qbxt success
```

2.3.5　日志管理工具

1．日志管理工具简介

SCSDB 在运行过程中，数据节点会产生二进制日志文件和中继日志文件，为了避免这些持续增长的日志文件占用过多磁盘空间，需要对这些日志文件进行清理。日志管理工具 (scsdb2.0_log_purge)可以根据用户设置的参数，对数据节点产生的日志文件进行定期压缩或删除。正在使用的日志文件不会被清理。scsdb2.0_log_purge 作为 SCSDB 的一个组件，在安装 SCSDB 时已经一起安装。如果机器上已经安装 scsdb2.0_log_purge，可以跳过"安装"一节。

2．安装与卸载

1) 安装组件 scsdb2.0_log_purge

(1) 检查是否已经安装 scsdb2.0_log_purge。

在 shell 中执行 scsdb2.0_log_purge -v 命令，如果显示版本信息，说明已经安装了该工具，可跳过安装步骤。如果显示未找到命令，说明没有安装该工具，如下：

 # *scsdb2.0_log_purge -v*

```
bash: scsdb2.0_log_purge: 未找到命令...
```

(2) 解压安装包 scsdb2.0_log_purge_v2.0.0.tar.gz。

```
# tar -zxvf scsdb2.0_log_purge_v2.0.0.tar.gz
scsdb2.0_log_purge_v2.0.0/
scsdb2.0_log_purge_v2.0.0/install.sh
scsdb2.0_log_purge_v2.0.0/readme
scsdb2.0_log_purge_v2.0.0/scsdb2.0_log_purge
scsdb2.0_log_purge_v2.0.0/scsdb2.0_log_purge.conf
scsdb2.0_log_purge_v2.0.0/uninstall.sh
```

(3) 进入解压目录并执行安装。

```
# cd scsdb2.0_log_purge_v2.0.0/
# ./install.sh
```

2) 卸载 scsdb2.0_log_purge

进入安装目录(即解压目录)并执行卸载:

```
# cd scsdb2.0_log_purge_v2.0.0/
# ./uninstall.sh
```

3. 文件配置

在安装完成后需要配置各项参数，默认配置文件路径为 /etc/scs/scsdb2.0_log_purge.conf。

配置文件内容:

```
[global]
#要清理的服务器
host=192.168.0.91
#用户名
user=SCS
#密码
password=123456
#整理日志开始的时间。必须大于当前时间
start_time=2015-03-04 16:41:00
#定期整理的周期，单位天
cycle=1
#整理日志时保留多少个最新的日志不整理
reserve_num=3
#整理日志是压缩还是直接删除，1 为压缩，0 为删除
archive=1
#压缩文件保留多少天，负数表示永久保留
relay=60
```

编辑好配置文件之后运行清理日志命令:

```
# scsdb2.0_log_purge
```

查看运行日志，运行日志中记录了工具运行过程中的所有状态。默认日志路径为：/var/scs/logs/scsdb2.0_log_purge/scsdb2.0_log_purge.log。

```
# tail -f /var/scs/logs/scsdb2.0_log_purge/scsdb2.0_log_purge.log
```

本 章 小 结

天云星数据库(SCSDB)是一个分布式存储、并行计算的结构化数据库。它采用了多种技术手段来提升数据查询性能，适用于对海量结构化数据的挖掘、分析。SCSDB 在语法上兼容 SQL92，在网络协议上兼容 MYSQL 通信协议，所以可以像使用 MYSQL 一样来使用 SCSDB，入门门槛极低。同时，作为一个分布式数据库，SCSDB 可以安装部署在集群的多台机器上，并且提供了快速安装脚本，用户只需要编写好配置文件，即可在一台机器上完成整个数据库的安装过程。另外，可以使用 DBA 助手、集群管理工具、数据节点管理工具、服务进程监控守护工具、日志管理工具等来辅助 SCSDB 的运维。

第3章 数据库对象管理

在公安交通大数据中，存在车牌识别数据、机动车登记、旅业、网吧、民航、铁路等种类繁多的数据对象，只有对这些海量数据进行规范化和有组织的系统管理，用户才能够安全地、高效率地使用这些大数据。SCSDB可通过使用数据库、数据表、视图、索引、序列号等数据库对象来对公安交通管理大数据进行管理。

3.1 SCSDB 存储管理

随着公安交通信息化建设的推进，省会及一线城市每天产生 2000 万以上车牌识别数据、100 万以上的网吧上网数据、100 万以上的旅业住宿数据、上千万的快递数据以及其他大量的高铁、民航数据等等。面对如此海量的数据，采用传统的数据库存储技术显然无法满足要求。SCSDB 采用分布式存储架构，能够存储海量的数据，并可以通过增加服务器的数量来进行横向扩展，从而应对不断增长的数据存储需求。

3.1.1 数据库存储逻辑结构管理

在 SCSDB 数据库中，Database 相当于容器，里面存放了各种数据表和视图。SCSDB 数据库逻辑结构如图 3-1 所示。

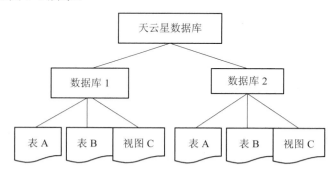

图 3-1 SCSDB 数据库逻辑结构图

(1) 一个数据库下可以有多张数据表和视图。

(2) 某个数据表或视图只能隶属于一个数据库。

(3) 数据节点的分配是以数据库为单位的，同一个数据库下的所有表分布在相同的数据节点上，且同一个数据库下的所有表的 HASH 映射关系是相同的。

SCSDB 在创建新数据库时，为其分配数据节点。代码如下：

```
scsdb>create database testdb.
```

```
Query OK, 0 rows Affected (0.09149 sec)
scsdb>show nodes for testdb.

+------------------+------------------+--------------------+
|Master Host       |Master Port       |Slaves              |
+------------------+------------------+--------------------+
|192.168.0.91      |2000              |192.168.0.92:2002   |
+------------------+------------------+--------------------+
|192.168.0.91      |2001              |192.168.0.92:2003   |
+------------------+------------------+--------------------+
|192.168.0.92      |2000              |192.168.0.91:2002   |
+------------------+------------------+--------------------+
|192.168.0.92      |2001              |192.168.0.91:2003   |
+------------------+------------------+--------------------+
|192.168.0.93      |2000              |192.168.0.94:2002   |
+------------------+------------------+--------------------+
|192.168.0.93      |2001              |192.168.0.94:2003   |
+------------------+------------------+--------------------+
|192.168.0.94      |2000              |192.168.0.93:2002   |
+------------------+------------------+--------------------+
|192.168.0.94      |2001              |192.168.0.93:2003   |
+------------------+------------------+--------------------+
Query OK,Totally:8 lines (0.02461 sec)
```

同一个数据库下的所有表分布在相同的数据节点上。代码如下：

```
testdb>create table testtbl(id int).
Query OK, 0 rows Affected (0.00430 sec)
testdb>show table full status like 'testtbl'.

+--------------+------------------+---------------+---------------+
|Host          |Port              |Name           |Engine         |
+              +                  +               +               +
|Rows          |Avg_row_length    |Data_length    |Index_length   |
+              +                  +               +               +
|Auto_increment|Create_time       |Update_time    |Check_time     |
+              +                  +               +               +
|Collation     |Create_options    |Checksum       |Comment        |
+--------------+------------------+---------------+---------------+
|192.168.0.91  |2000              |testtbl        |SCSEng         |
+              +                  +               +               +
|0             |0                 |0              |1024           |
+              +                  +               +               +
|NULL          |2017-07-25 18:06:3|2017-07-25 18:06:3|NULL        |
```

```
|               |2               |2               |                |
+---------------+----------------+----------------+----------------+----------------+
|utf8_bin       |                |                |NULL            |                |
+---------------+----------------+----------------+----------------+----------------+
...
+---------------+----------------+----------------+----------------+----------------+
|               |                |                |SCSEng          |                |
+---------------+----------------+----------------+----------------+----------------+
|0              |0               |0               |8192            |                |
+---------------+----------------+----------------+----------------+----------------+
|               |2017-07-25 18:06:3|2017-07-25 18:06:3|              |
|               |2               |2               |                |
+---------------+----------------+----------------+----------------+----------------+
Query OK,Totally:10 lines (0.00312 sec)
```

3.1.2　数据库存储物理结构管理

前面章节已经介绍了 SCSDB 是一个分布式数据库，数据以分片的方式存储到各个 SCSDBDN 上，每个 SCSDBDN 上存储数据的一个数据片段。如图 3-2 所示，8 行记录分成 4 个片段存储在不同的数据节点上。

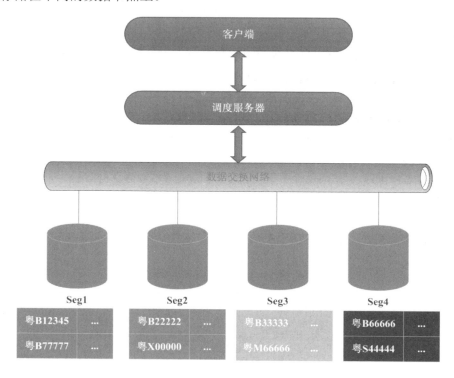

图 3-2　SCSDB 数据分片存储示意图

在 SCSDB 中创建数据库、数据表、视图时，在每个 SCSDBDN 上都会创建对应的数据库、数据表、视图。每个 SCSDBDN 使用同样的方式来组织数据库、数据表、视图的物理存储。下面将重点介绍数据库、数据表、视图在 SCSDBDN 上的物理存储。

1. SCSDBDN 的数据目录管理

SCSDBDN 会把它管理的所有信息(数据库、数据表、视图等)存储在一个被称为数据目录的地方。数据目录存储着数据节点管理的所有数据库及其他一些数据节点运行所需的文件。

在 SCSDBDN 的配置文件/etc/scsdbdn.conf 里面可以配置 SCSDBDN 的数据目录。

```
[scsdbdn2000]
datadir        = /home/scsdbdata/2000
```

SCSDBDN 以树形结构来组织其管理的所有数据库。

(1) 每个数据库对应数据目录下的一个与数据库同名的子目录。

(2) 所有的数据表、视图都存放在数据库同名子目录下的对应文件中。

SCSDBDN 数据目录的树形组织结构如图 3-3 所示。

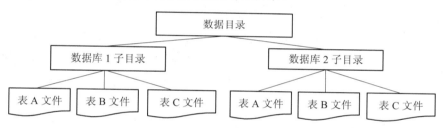

图 3-3　SCSDBDN 树形结构目录图

2. 数据库的物理存储管理

SCSDBDN 的每一个数据库在其数据目录下都会有一个与其数据库名同名的子目录，也就是说，使用 CREATE DATABASE db_name 语句创建数据库时，SCSDBDN 会在其数据目录下创建一个名为 db_name 的子目录。

如创建一个 testdb 库，则在数据目录下会创建一个 testdb 子目录。代码如下：

```
# pwd
/home/scsdbdata/2000
# ll
total 24
drwxr-xr-x. 2 scs scs   91 Jul 18 10:16 scsdbdn
-rw-rw----. 1 scs scs  125 Jul 21 08:52 scsdbdn-bin.000001
-rw-rw----. 1 scs scs  193 Jul 25 15:23 scsdbdn-bin.000002
-rw-rw----. 1 scs scs   42 Jul 21 08:52 scsdbdn-bin.index
drwx------. 2 scs scs   19 Jul 25 15:23 testdb
```

使用 DROP DATABASE db_name 语句删除数据库时，SCSDBDN 会将其数据目录下的 db_name 子目录，以及该目录下的所有表文件、视图文件等删除。

3．数据表的物理存储管理

使用 CREATE TABLE tbl_name 语句创建数据表时，SCSDBDN 会在其数据库子目录下创建三个对应文件，每个文件的基本名等同于表名，扩展名则表示文件的用途。如创建一个 testtbl 的数据表，需创建如下三个对应文件：

(1) esttbl.frm，表结构文件，存储 testtbl 的表结构描述信息。

(2) testtbl.SDT，表数据文件，存储 testtbl 的表数据。

(3) testtbl.SIN，表索引文件，存储 testtbl 的索引信息数据。

代码如下：

```
# ll testdb/
total 20
-rw-rw----. 1 scs scs   54 Jul 25 15:23 db.opt
-rw-rw----. 1 scs scs 8556 Jul 25 15:38 testtbl.frm
-rw-rw----. 1 scs scs    0 Jul 25 15:38 testtbl.SDT
-rw-rw----. 1 scs scs 1024 Jul 25 15:38 testtbl.SIN
```

如果创建的是 partition 分区表(更详细的介绍见"第 6 章数据库监控与调优")，则 SCSDBDN 会额外创建一个带 .par 后缀的文件，用来存储分区描述信息，且每个分区的数据、索引信息各自独立存放于 .SDT 和 .SIN 文件中。如创建一个 testtbl2 的分区数据表，将数据分为早于 2017 年在 p1 分区、2017 年在 p2 分区、晚于 2017 年在 p3 分区，则 SCSDBDN 会创建一个 .frm 表结构文件，一个 .par 表分区描述文件，三个 .SDT 数据文件，三个 .SIN 索引文件，即为 testtbl2 表共创建了 8 个文件。代码如下：

```
# ll testdb/testtbl2*
-rw-rw----. 1 scs scs 8582 Jul 25 16:02 testdb/testtbl2.frm
-rw-rw----. 1 scs scs   32 Jul 25 16:02 testdb/testtbl2.par
-rw-rw----. 1 scs scs    0 Jul 25 16:02 testdb/testtbl2#P#p1.SDT
-rw-rw----. 1 scs scs 1024 Jul 25 16:02 testdb/testtbl2#P#p1.SIN
-rw-rw----. 1 scs scs    0 Jul 25 16:02 testdb/testtbl2#P#p2.SDT
-rw-rw----. 1 scs scs 1024 Jul 25 16:02 testdb/testtbl2#P#p2.SIN
-rw-rw----. 1 scs scs    0 Jul 25 16:02 testdb/testtbl2#P#p3.SDT
-rw-rw----. 1 scs scs 1024 Jul 25 16:02 testdb/testtbl2#P#p3.SIN
```

4．视图的物理存储管理

对于视图，SCSDBN 只有一个 .frm 文件与其对应，用来描述该视图的定义和其他相关属性。.frm 文件的基本名与视图名相同，如创建一个 testview 视图，则在数据库子目录下会创建一个 testview.frm 的文件。

3.2   数据库对象概述及命名规则

3.2.1   数据库对象概述

众所周知，数据库是用来存储和管理数据的容器，那么数据库如何实现数据存储和管理？事实上，数据库使用数据库对象来完成数据的存储和管理。SCSDB 对象主要有数据库、数据表、索引及视图等。

3.2.2　数据库对象的命名规则

数据库对象命名规则如下：

(1) 数据库对象名只能由字母、数字、下划线组成，且只能以字母开头。

(2) 数据库对象名不区分大小写，包括数据库名、表名、视图名、索引名、用户名、字段名、别名等。但由于 SCSDB 实际存储时使用全小写，所以建议用户在命名时使用全小写。

(3) 除用户名长度不得超过 16 字节外其他对象名长度不得超过 64 字节，且对象名不能为空。

3.3　数 据 库 管 理

3.3.1　创建数据库

可使用 CREATE DATABASE 语句创建数据库，其语法如下所示：

```
CREATE {DATABASE | SCHEMA} [IF NOT EXISTS] db_name [node_number]
```

说明：

(1) [node_number] 为空时，默认使用集群的所有数据节点。node_number 最少为 1，最大为当前集群节点总数。

(2) 新创建数据库，在为其分配数据节点时，会选择当前负载较小的数据节点，使每个数据节点上的数据库数量尽可能均衡。

(3) SCHEMA 是 DATABASE 的同义词。

创建数据库 database_test 不指定节点数(使用全部节点数进行数据存储)，示例如下：

```
scsdb>create database database_test.
Query OK, 0 rows Affected (0.03163 sec)
```

创建数据库 database_test1 时指定 5 个节点数(选择当前负载较小的 5 个数据节点进行数据存储)，示例如下：

```
scsdb>create database database_test1 5.
Query OK, 0 rows Affected (0.02165 sec)
```

3.3.2　选定数据库

如果用户在连接 SCSDB 时没有指定连接数据库，那么在连接成功之后，在对数据库进行数据操作之前，需要先选定数据库。

可以用 USE 语句来选定数据库，其语法如下所示：

```
USE db_name
```

说明：

(1) 选定新数据库后，后续的所有操作都针对新选择的数据库进行。

(2) USE 语句选定新库，不会改变用户会话连接的其他状态信息，包括是否备份或是否从节点优先等会话连接状态信息。

选定 database_test 库，示例如下：

```
scsdb>use database_test.
Query OK, Database Changed (0.02188 sec)
database_test>
```

3.3.3　查看数据库

可以用 SHOW DATABASES 语句来查看当前集群中的数据库，其语法如下所示：

```
SHOW {DATABASES | SCHEMAS} [LIKE 'pattern']
```

说明：

(1) 显示当前集群上可以使用的数据库。

(2) 包含 LIKE 子句时只显示其名称与给定模式相匹配的数据库。

查看所有数据库，示例如下：

```
scsdb>show databases.
+-----------------+
|Database         |
+-----------------+
|database_test    |
+-----------------+
|database_test1   |
+-----------------+
|hcloud           |
+-----------------+
Query OK,Totally:3 lines (0.02261 sec)
```

查看数据库名中包含 test 的数据库，示例如下：

```
scsdb>show databases like '%test%'.
+-----------------+
|Database         |
+-----------------+
|database_test    |
+-----------------+
Query OK,Totally:1 lines (0.02016 sec)
```

3.3.4　查看数据库分布

可以用 SHOW NODES 语句来查看当前数据库的分布节点，其语法如下所示：

```
SHOW NODES FOR db_name
```

结果集中显示字段说明：

(1) Master Host 指主节点 IP。

(2) Master Port 指主节点端口号。

(3) Slaves 指从节点信息(从节点 IP：端口号)。

查看数据库 database_test 的数据分布节点(当前集群中全部节点，8 个)，示例如下：

scsdb>show nodes for database_test.

Master Host	Master Port	Slaves
192.168.0.91	2000	192.168.0.92:2002
192.168.0.91	2001	192.168.0.92:2003
192.168.0.92	2000	192.168.0.91:2002
192.168.0.92	2001	192.168.0.91:2003
192.168.0.93	2000	192.168.0.94:2002
192.168.0.93	2001	192.168.0.94:2003
192.168.0.94	2000	192.168.0.93:2002
192.168.0.94	2001	192.168.0.93:2003

Query OK,Totally:8 lines (0.02381 sec)

查看数据库 database_test1(5 个节点)的分布节点，示例如下：

scsdb>show nodes for database_test1.

Master Host	Master Port	Slaves
192.168.0.91	2000	192.168.0.92:2002
192.168.0.91	2001	192.168.0.92:2003
192.168.0.92	2000	192.168.0.91:2002
192.168.0.92	2001	192.168.0.91:2003

```
+------------------+---------------+----------------------+
|192.168.0.93      |2000           |192.168.0.94:2002     |
+------------------+---------------+----------------------+
Query OK,Totally:5 lines (0.02161 sec)
```

3.3.5　查看数据库建库语句

可以用 SHOW CREATE　DATABASE 语句查看建库语句，其语法如下所示：

```
SHOW CREATE {DATABASE | SCHEMA} db_name
```

查看数据库 database_test 建库语句，示例如下：

database_test>show create database database_test.

```
+------------------+------------------+
|Database          |Create Database   |
+------------------+------------------+
|database_test     |CREATE DATABASE `d|
|                  |atabase_test` /*!4|
|                  |0100 DEFAULT CHARA|
|                  |CTER SET utf8 COLL|
|                  |ATE utf8_bin */   |
+------------------+------------------+
Query OK,Totally:1 lines (0.00200 sec)
```

3.3.6　删除数据库

可以用 DROP DATABASE 语句来删除数据库，其语法如下所示：

```
DROP {DATABASE | SCHEMA} [IF EXISTS] db_name
```

说明：

(1) 删除数据库时会删除数据库和其中所有的对象，包括数据表、视图等。删除前请确认数据库已备份或数据无效。

(2) 当需要删除的库不存在时，若有 IF EXISTS 选项，则不报错，直接返回执行成功的提示；若无 IF EXISTS 选项，则报数据库不存在的错误。

删除数据库 database_test1，示例如下：

database_test>drop database database_test1.

```
Query OK, 0 rows Affected (0.01970 sec)
```

database_test>show databases like 'database_test1'.

```
+------------------+
|Database          |
+------------------+
Query OK,Totally:0 lines (0.01788 sec)
```

上述删除数据库 database_test1 的操作已执行成功，若再执行删除操作则会报错，但是加上 IF EXISTS 选项即可执行成功，示例如下：

```
database_test>drop database database_test1.
Error (-5007):Unknown database 'database_test1'
0 rows Affected (0.00174 sec)
database_test>drop database if exists database_test1.
Query OK, 0 rows Affected (0.00150 sec)
```

3.4 数据表管理

数据表用来存储数据记录，由行和列组成，列代表属性，每一个行是一条记录。数据表管理包含创建数据表、修改数据表、删除数据表等。

3.4.1 创建数据表

使用 CREATE TABLE 语句建表时最基础的部分是定义表名以及表包含的数据列名和列定义，其语法如下：

```
CREATE TABLE table_name(
  column_name column_definition,
      [column_name column_definition,]...
      )
```

说明：

(1) column_name 列名：也叫字段名，在创建数据表时，必须指定列名，且表至少包含一个列。

(2) column_definition 列定义：也称字段属性。首先是数据类型，后面可以追加 NOT NULL 或 NULL、DEFAULT default_value、AUTO_INCREMENT、UNIQUE [KEY] 或 PRIMARY KEY 等修饰词以及备注 COMMENT。

(3) 列定义与下一个列名之间用 “,” 隔开，最后一个列定义后不可加 “,”。

创建一个 drivers 表，并设置 id 自增长且为主键。执行示例：

```
database_test>create table drivers (
        ->id int auto_increment primary key ,
        ->name varchar(64)
        ->).
Query OK, 0 rows Affected (0.00487 sec)
```

上述 CREATE TABLE 建表语句里面只包含最基本的表名、列名和列定义，实际上完整的建表语句中包含表名、列名、列定义、主键信息、索引信息、表分区信息、表注释信息等，如下所示：

```
CREATE [VIRTUAL | OWN] TABLE [IF NOT EXISTS] tbl_name
```

```
    (create_definition,...)
    [table_option]
    [partition_options]


create_definition:
    col_name column_definition
  | PRIMARY KEY  (col_name,...)
  | {INDEX|KEY} [index_name] (col_name,...)
  | UNIQUE [INDEX|KEY]  [index_name]  (col_name,...)


column_definition:
    data_type [NOT NULL | NULL] [DEFAULT default_value]
      [AUTO_INCREMENT] [UNIQUE [KEY] | [PRIMARY] KEY]
      [COMMENT 'string']
data_type:
     TINYINT[(length)] [UNSIGNED] [ZEROFILL]
   | SMALLINT[(length)] [UNSIGNED] [ZEROFILL]
   | MEDIUMINT[(length)] [UNSIGNED] [ZEROFILL]
   | INT[(length)] [UNSIGNED] [ZEROFILL]
   | INTEGER[(length)] [UNSIGNED] [ZEROFILL]
   | BIGINT[(length)] [UNSIGNED] [ZEROFILL]
   | DOUBLE[(length,decimals)] [UNSIGNED] [ZEROFILL]
   | FLOAT[(length,decimals)] [UNSIGNED] [ZEROFILL]
   | DECIMAL[(length[,decimals])] [UNSIGNED] [ZEROFILL]
   | DATE
   | TIME
   | TIMESTAMP
   | DATETIME
   | YEAR
   | CHAR[(length)]
   | VARCHAR(length)
   | TINYTEXT [BINARY]
   | TEXT [BINARY]
   | MEDIUMTEXT [BINARY]
   | LONGTEXT [BINARY]
   | ENUM(value1,value2,value3,...)
   | SET(value1,value2,value3,...)


table_option:
```

```
        COMMENT [=] 'string'

partition_options:
    PARTITION BY
    {   [LINEAR] HASH(expr)
        |  [LINEAR] KEY(col_list)
        |  RANGE(expr)
        |  LIST(expr)
      }
    [PARTITIONS n]
    [SUBPARTITION BY
        {  [LINEAR] HASH(expr)
            |  [LINEAR] KEY(col_list) }
      [SUBPARTITIONS n]
    ]
    [(partition_definition [, partition_definition] ...)]
partition_definition:
    PARTITION partition_name
        [VALUES
            {LESS THAN {(expr) | MAXVALUE}
            |  IN (value_list)}]
        [COMMENT [=] 'comment_text' ]
    [(subpartition_definition[, subpartition_definition] ...)]

subpartition_definition:
    SUBPARTITION logical_name
    [COMMENT [=] 'comment_text' ]

OR

CREATE [VIRTUAL | OWN] TABLE [IF NOT EXISTS] tbl_name
    LIKE old_tbl_name

OR

CREATE [VIRTUAL | OWN] TABLE [IF NOT EXISTS] tbl_name
    [(create_definition,...)]
    [table_option]
    [partition_options]
```

```
    select_statement

select_statement:
    [IGNORE | REPLACE] [AS] SELECT ...
    (Some valid select statement)
```

1. VIRTUAL 虚拟表

使用 VIRTUAL 关键字表示创建虚拟表。虚拟表在释放结果集或会话退出时系统会自动回收。

创建虚拟表 table_virtual，但在创建完成后就释放结果集，所以查看时无匹配项，示例如下：

```
database_test>create virtual table table_virtual(
        ->id int(11)
        ->).
Query OK, 0 rows Affected (0.09496 sec)
database_test>show tables like 'table_virtual'.
+------------------+
|Tables            |
+------------------+
Query OK,Totally:0 lines (0.00201 sec)
```

2. OWN 自拥有表

使用 OWN 关键字表示创建自拥有表。用户在只拥有建表权限但没有查看表权限的情况下，可以通过创建自拥有表来进行数据操作。建表用户拥有自拥有表的全部权限。

创建自拥有表 table_own，示例如下：

```
database_test>create own table table_own( id int ).
Query OK, 0 rows Affected (0.00894 sec)
database_test>show tables like 'table_own'.
+------------------+
|Tables            |
+------------------+
|table_own         |
+------------------+
Query OK,Totally:1 lines (0.00196 sec)
```

3. IF NOT EXISTS

一般情况下，如果想要创建的表已经存在，那么建表语句将执行失败，并且报告错误。但是有一种例外情况，如果指定了 IF NOT EXISTS 子句，表将不会被创建，建表语句将不会报告错误。

使用 IF NOT EXISTS 子句示例：

```
database_test>create table test_if( id int ).
Query OK, 0 rows Affected (0.00418 sec)
database_test>create table test_if( id int ).
Error (-1405):Table 'test_if' already exists
database_test>create table if not exists table_if( id int ).
Query OK, 0 rows Affected (0.00508 sec)
```

4．create_definition

```
create_definition:
    col_name column_definition
  | PRIMARY KEY   (col_name,...)
  | {INDEX|KEY} [index_name] (col_name,...)
  | UNIQUE [INDEX|KEY]  [index_name]   (col_name,...)
```

create_definition 可以是列定义 column_definition 或索引定义。此处需注意，表中至少要包含一个列，此外索引字段必须存在于表中。

5．列定义 column_definition

```
column_definition:
    data_type [NOT NULL | NULL] [DEFAULT default_value]
    [AUTO_INCREMENT] [UNIQUE [KEY] | [PRIMARY] KEY]
    [COMMENT 'string']
```

列定义 column_definition 首先是一个数据类型 **data_type**(详细介绍参看附录)，除此之外，还包含以下属性：

(1) NULL 或 NOT NULL：用来表明该列是否允许包含 NULL 值。如果两个关键字都没有给出，则默认为 NULL。

(2) DEFAULT default_value：用来设置该列的默认值。不能用于 TEXT 类型或者带有 AUTO_INCREMENT 属性的列。除了 TIMESTAMP 和 DATATIME，列的默认值都必须是一个常量，并且可以指定为数字、字符串或 NULL。

(3) AUTO_INCREMENT：只能用在整数、浮点数类型的列上。AUTO_INCREMENT 列的特殊之处在于：当你往其中插入 NULL 值时，实际插入的数据值将是该列序列的下一个编号值。它通常等于该列中的当前最大编号值再加上 1。默认情况下，AUTO_INCREMENT 列的实际取值将从 1 开始。AUTO_INCREMENT 字段必须被建立唯一索引或者主键(注意在删除主键或唯一索引之前需要先去掉 AUTO_INCREMENT 属性)，而且不能为 NULL，每个表最多只能有一个 AUTO_INCREMENT 列。

(4) PRIMARY KEY：用来表明该列是一个 PRIMARY KEY。PRIMARY KEY 列必须是 NOT NULL。如果用户没有省略 NOT NULL，SCSDB 会向列定义中添加 NOT NULL。

(5) UNIQUE [KEY]：用来表明该列是一个 UNIQUE 索引。

(6) COMMENT 'str'：列的描述性注释(最多 1024 个字符)。此属性可以用 SHOW CREATE TABLE 和 SHOW FULL COLUMNS 语句来查看。

创建表 test_table，给表中 id 列设置自增长且为主键，name 列设置非空约束且默认为"niming"，给列加备注 comment；创建成功后查看表结构，示例如下：

```
database_test>create table test_table(
        ->id int primary key auto_increment comment '主键且自增长',
        ->name varchar(25) NOT NULL default 'niming' comment '名
    字，非空，默认为niming'
        ->).
Query OK, 0 rows Affected (0.00490 sec)
database_test>show full columns from test_table.
```

Field	Type	Collation	NULL
Key	Default	Extra	Privileges
Comment			
id	int(11)	NULL	NO
PRI	NULL	auto_increment	select,insert,upda te,references
主键且自增长			
name	varchar(25)	utf8_bin	NO
	niming		select,insert,upda te,references
名字，非空，默认为 niming			

6. 索引定义

```
create_definition:

    col_name column_definition
  | PRIMARY KEY    (col_name,...)
  | {INDEX|KEY} [index_name] (col_name,...)
  | UNIQUE [INDEX|KEY]  [index_name]   (col_name,...)
```

子句 PRIMARY KEY　　(col_name,...) 用来创建主键。

子句{INDEX|KEY} [index_name] (col_name,...) 用来创建非唯一索引。

子句 UNIQUE [INDEX|KEY]　[index_name]　　(col_name,...)用来创建唯一索引。

INDEX 和 KEY 互为同义词。主键字段和索引字段中都不允许包含重复的列名。索引列有多个时用逗号隔开。如果没有指定索引名，SCSDB 会自动选择第一个索引列的名字作为此索引的名字(详细介绍参看后续章节**索引管理**)。

创建表 test_table2。给表中 id 列设置非空，name 列设置 unique 唯一约束，并设置 id 列为主键。创建成功后查看表结构，示例如下：

```
database_test>create table test_table2(
        ->id int(11) NOT NULL,
        ->name varchar(64) unique,
        ->primary key (id)
        ->).
Query OK, 0 rows Affected (0.00566 sec)
database_test>show full columns from test_table2.
```

Field	Type	Collation	NULL		
Key	Default	Extra	Privileges		
Comment					
id	int(11)	NULL	NO		
PRI	NULL		select,insert,upda		
			te,references		
name	varchar(64)	utf8_bin	YES		
UNI	NULL		select,insert,upda		
			te,references		

```
Query OK,Totally:2 lines (0.00248 sec)
```

7. 表选项 table_option

table_option：表选项，即表备注 COMMENT [=] 'string'。

创建表 test_comment，并给表添加备注，示例如下：

```
database_test>create table test_comment(
```

```
        ->id int ) comment = '测试表备注'.
Query OK, 0 rows Affected (0.00549 sec)
```

8. 分区选项 partition_options

```
partition_options:
    PARTITION BY
    {    [LINEAR] HASH(expr)
        | [LINEAR] KEY(col_list)
        | RANGE(expr)
        | LIST(expr)    }
    [PARTITIONS n]
    [SUBPARTITION BY
        { [LINEAR] HASH(expr)
        | [LINEAR] KEY(col_list) }
      [SUBPARTITIONS n]
    ]
    [(partition_definition [, partition_definition] ...)]


partition_definition:
    PARTITION partition_name
        [VALUES
            {LESS THAN {(expr) | MAXVALUE}
          | IN (value_list)}]
        [COMMENT [=] 'comment_text' ]
    [(subpartition_definition[, subpartition_definition] ...)]


subpartition_definition:
    SUBPARTITION logical_name
    [COMMENT [=] 'comment_text' ]
```

SCSDB 支持对表分区，用户可以在定义表时对表设置分区并安排其数据被存储到不同的分区。如何合理的使用分区，可以查看第七章"数据库监控与调优"的"合理利用表 partition 分区"一节。

partition_options 中首先是 PARTITION BY，接着是一个用于为每个表行计算值的分区函数，行的函数值或列值可用来确定把行存储到哪一个分区；分区定义包含如下可选部分：

(1) PARTITIONS n 子句用来表明表有多少个分区，其中，n 应该是一个正整数。如果指定了此子句，还应该指定 n 个 partition_definition 子句。每个表的最大分区个数是 1024，包括子分区。

(2) SUBPARTITION BY...一条关于如何把分区进一步划分成子分区的描述。

(3) 一组用来定义各个分区的 partition_definition 子句。每个 partition_definition 都定义

了一个分区特性。除了为分区提供一个名字，还可以包括一个用来描述都有哪些分区函数值将被映射到该分区的 VALUES 子句、其他分区选项和一组子分区定义。每个 subpartition_definition 的定义与之相似，只不过用于描述子分区，并且不允许包含 VALUES 子句或子分区定义。

(4) 分区名称说明，除了 RANGE 和 LIST 函数需要用户指定分区名称外，KEY 和 HASH 分区不指定分区个数时，默认只有一个，且分区名称为 p0；指定分区个数时，分区名称默认从 p0 开始递增，如 p0，p1。

下面列出了将表中数据分配到不同分区的不同方法。在下述中，expr 指由表中一个或多个列构成的表达式，col_list 是一个由 1~16 个以逗号分隔的列名构成的列表。列名只能来自于将被创建的表。

• RANGE(expr)分区函数将每个分区和表达式 expr 的可取值范围中的一个子集关联在一起。这种分区函数必须和一个包含着 VALUE LESS THAN 子句的分区定义搭配使用，并按照该子句所给出的整数上限把函数值映射到不同的分区。NULL 不允许作为限制，NULL 值将被映射到第一个分区。对于首尾相连的分区，它们的 VALUE 子句所给出的上限值必须是按递增顺序列出的。最后一个分区可以使用 MAXVALUES 关键字作为其分区函数值，其含义是所有未落入此前各分区的函数值都将属于这最后一个分区。

利用 RANGE (expr) 分区函数完成表分区，示例如下：

```
database_test>create table test_part1(
        ->income BIGINT
        ->)partition by range(income)
        ->( partition p0 values less than (10000),
        ->  partition p1 values less than (30000),
        ->  partition p2 values less than (66000),
        ->  partition p3 values less than maxvalue
        ->).
Query OK, 0 rows Affected (0.00573 sec)
```

• LIST (expr) 分区函数将把每个分区和一列值关联在一起。这种分区函数必须和一个包含着 VALUE IN 子句的分区定义搭配使用，并按照该子句所给出的整数列表把函数值映射到不同的分区。允许使用 NULL，但是不能使用 MAXVALUE。如果 expr 表达式的计算结果为 NULL 值，则 VALUES 列表里也必须有一项为 NULL。注意，只能插入分区函数中存在的值，否则插入语句会报告错误。

利用 LIST (expr) 分区函数完成表分区，示例如下：

```
database_test>create table test_part2(
        ->id int NULL
        ->)partition by list(id)
        ->( partition p0 values in (1, 2, 3),
        ->  partition p1 values in (4, 5, 6, NULL)
        ->).
```

```
Query OK, 0 rows Affected (0.00679 sec)
```

插入分区函数中存在值之外的记录将执行失败，示例如下：

```
database_test>insert into test_part2 value(7).
Error (-1405):Table has no partition for value 7
```

插入分区函数中存在值之内的记录才可执行成功，示例如下：

```
database_test>insert into test_part2 value(1).
Query OK, 1 rows Affected (0.00625 sec)
```

• HASH (expr) 分区函数将根据一行的内容计算出来的 expr 值把行存储到相应的分区。典型的做法是把 HASH () 函数和用来指定创建多少个分区的 PARTITIONS n 子句搭配使用。行是基于 expr 除以 n 的余数来进行分配的。

利用 HASH (expr)分区函数完成表分区，示例如下：

```
database_test>create table test_part3(
        ->d date
        ->)partition by hash(to_days(d))
        ->partitions 5.
Query OK, 0 rows Affected (0.01514 sec)
```

• KEY (col_list) 分区函数的效果类似于 HASH() 分区函数，但是可以指定数据列(通过它们来计算散列值)，并且 SCSDB 会负责提供散列函数。KEY()的前面可以加上 LINEAR。

利用 KEY (col_list)分区函数完成表分区，示例如下：

```
database_test>create table test_part4(
        ->id int
        ->) partition by linear key(id).
Query OK, 0 rows Affected (0.00929 sec)
```

如果分区选项中包含的分区定义使用了 HASH()或 KEY()，那么这些分区定义不应该有 VALUES 子句，VALUES 子句只能和 RANGE()和 LIST()搭配使用。

创建 test_subp 表并利用 RANGE (expr) 和子分区函数 KEY (col_list) 完成分区，示例如下：

```
database_test>create table test_subp(
        ->id int NULL,
        ->name varchar(64)
        ->) partition by range(id)
        -> subpartition by key(name)
        -> subpartitions 5
        ->( partition p0 values less than (1000),
        ->  partition p1 values less than (6000),
        ->  partition p2 values less than (maxvalue)
        ->).
```

```
Query OK, 0 rows Affected (0.01229 sec)
```

expr 表达式必须是确定性的，这样可以确保同样的输入总是会得到同样的结果。例如，在 expr 表达式里可以使用 ABS()函数，但不允许使用 RAND()函数，如果使用了一个不被允许使用的函数，CREATE TABLE 语句将异常终止，并报告出错。

对于 RANGE()或 LIST()，表达式 expr 的计算结果必须是一个整数或 NULL 值。对于 HASH()，表达式 expr 的计算结果必须是一个非 NULL 非负的整数，因此如果表达式引用了某个非整数列，那么它必须将列值转换为整数。例如，如果 d 是一个 DATE 列，那么用户可以使用 TO_DAYS(d)函数把日期转换为天数，以保证 HASH(TO_DAYS(d))是一个有效的散列函数。对于 KEY()，其参数都是列名，但这些列不必是整数类型。

每个 partition_option 值对应着一个附加的分区注释，如下所示也可以用在子分区的定义里。

- COMMENT [=] 'str'　　　为分区加描述性注释。

为分区定义增加注释，示例如下：

```
database_test>create table test_part5(
        ->id int NULL
        ->) comment '测试表分区定义备注' partition by list (id)
        ->( partition p0 values in (1,2,3) comment 'id值为1/2/3时落在
此分区中',
        -> partition p1 values in (4,5,NULL) comment 'id值为4/5/NULL时 落
在此分区中'
        ->).
Query OK, 0 rows Affected (0.01534 sec)
```

9. LIKE 子句

```
CREATE [VIRTUAL | OWN] TABLE [IF NOT EXISTS] tbl_name
    LIKE old_tbl_name
```

如果指定了 LIKE old_tbl_name 子句，则新创建的表将是 old_tbl_name 表的一个空白副本，新表将包括同样的列定义、索引定义、特殊值以及表分区，但不包含 old_tbl_name 表中的数据。

利用 drivers 表创建一个新表 dri2，并查看 dri2 表结构，示例如下：

```
database_test>create table dri2 like drivers.
Query OK, 0 rows Affected (0.00808 sec)
database_test>show full columns from dri2.
+--------------+--------------+--------------+----------------+
|Field         |Type          |Collation     |Null            |
+              +              +              +                +
|Key           |Default       |Extra         |Privileges      |
+              +              +              +                +
|Comment       |
```

```
+--------------+--------------+--------------+------------------+
|id            |int(11)       |NULL          |NO                |
+              +              +              +                  +
|PRI           |NULL          |auto_increment|select,insert,upda|
|              |              |              |te,references     |
+              +              +              +                  +
+--------------+--------------+--------------+------------------+
|name          |varchar(64)   |utf8_bin      |YES               |
+              +              +              +                  +
|              |NULL          |              |select,insert,upda|
|              |              |              |te,references     |
+              +              +              +                  +
+--------------+--------------+--------------+------------------+
Query OK,Totally:2 lines (0.00187 sec)
```

10. select_statement 子句

```
CREATE [VIRTUAL | OWN] TABLE [IF NOT EXISTS] tbl_name
    [(create_definition,...)]
    [table_option]
    [partition_options]
    select_statement


select_statement:
    [IGNORE | REPLACE] [AS] SELECT ...
    (Some valid select statement)
```

create table... select_statement 语句以 select_statement 子句产生的结果集来创建新表。对于那些会导致唯一性索引出现重复值的行，SCSDB 按以下原则处理：如果指定了 IGNORE，则表示忽略后出现的行，如果指定了 REPLACE，则用后出现的行替换先出现的行。如果两个关键字都没有给出，则此语句将异常终止，并报告出错。

先为 drivers 表插入两条数据，再利用 select 结果集创建新表 dri3，示例如下：

database_test>insert into drivers(id,name) values(1,'aa'),(2,'bb').
Query OK, 2 rows Affected (0.02174 sec)
*database_test>create table dri3 select * from drivers.*
Query OK, 2 rows Affected (0.00759 sec)
*database_test>select * from dri3.*

```
+------------------+------------------+
|id                |name              |
+------------------+------------------+
|1                 |aa                |
```

```
+-------------------+------------------+
|2                  |bb                |
+-------------------+------------------+
Query OK,Totally:2 lines (0.00658 sec)
```

这里需要注意 create table... select_statement 语句是直接在各个数据节点上独立运行的。如图 3-4 所示，使用 create table...select 语句，对车牌识别信息表 catchinfo 表的号牌号码(hphm)进行分组统计，统计的结果写入表 hpsbcs 中，最后 hpsbcs 表的数据如图 3-4(b)所示。

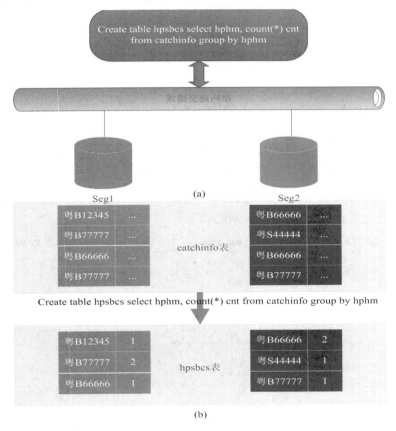

图 3-4　create table ... select_statement 执行过程

可以看到，在最后的 hpsbcs 表中，"粤 B66666"在两个节点上分别有一条统计结果记录，("粤 B66666"，1)和("粤 B66666"，2)记录，而不是只有一条("粤 B66666"，3)，这正是由于 create table... select_statement 语句是直接在各个数据节点上独立运行而导致的。

3.4.2　查看数据表

查看当前数据库中数据表的语句如下所示：

```
SHOW [FULL | HASH] TABLES [LIKE 'pattern' | WHERE expr]
```

说明：

(1) FULL：显示 Table_type 列信息，用于表明每个行引用的是表(BASE_TABLE)还是视图(VIEW)。

(2) HASH：HASH 选项为自定义的，SHOW HASH TABLES 查询当前库的 HASH 分布表，并返回 HASH 字段(若 HASH 字段为组合字段，那么多个字段之间以逗号分隔)。

(3) LIKE 子句用给定模式 pattern 匹配表名。

(4) WHERE 子句，只输出满足表达式的数据行。

查看表名里面包含以'dri'开头的数据表，示例如下：

```
database_test>show full tables like 'dri%'.
+----------------+----------------+
|Tables          |Table_type      |
+----------------+----------------+
|dri2            |BASE TABLE      |
+----------------+----------------+
|dri3            |BASE TABLE      |
+----------------+----------------+
|drivers         |BASE TABLE      |
+----------------+----------------+
Query OK,Totally:3 lines (0.00304 sec)
```

查看所有的物理表(不包括视图)，示例如下：

```
database_test>show full tables where Table_type = 'BASE TABLE'.
+----------------+--------------------+
|Tables          |Table_type          |
+----------------+--------------------+
|dri2            |BASE TABLE          |
+----------------+--------------------+
|dri3            |BASE TABLE          |
+----------------+--------------------+
|drivers         |BASE TABLE          |
+----------------+--------------------+
|table_if        |BASE TABLE          |
+----------------+--------------------+
|table_own       |BASE TABLE          |
+----------------+--------------------+
|test_comment    |BASE TABLE          |
+----------------+--------------------+
|test_if         |BASE TABLE          |
+----------------+--------------------+
|test_part1      |BASE TABLE          |
+----------------+--------------------+
```

```
|test_part2          |BASE TABLE         |
+-------------------+-------------------+
|test_part3          |BASE TABLE         |
+-------------------+-------------------+
|test_part4          |BASE TABLE         |
+-------------------+-------------------+
|test_part5          |BASE TABLE         |
+-------------------+-------------------+
|test_subp           |BASE TABLE         |
+-------------------+-------------------+
|test_table          |BASE TABLE         |
+-------------------+-------------------+
|test_table2         |BASE TABLE         |
+-------------------+-------------------+
Query OK,Totally:15 lines (0.00250 sec)
```

查看 database_test 库中所有的 HASH 表，示例如下：

```
database_test>show hash tables.
+-------------------+-------------------+
|Tables              |Hash_column        |
+-------------------+-------------------+
|dri2                |id                 |
+-------------------+-------------------+
|drivers             |id                 |
+-------------------+-------------------+
|test_table          |id                 |
+-------------------+-------------------+
|test_table2         |id                 |
+-------------------+-------------------+
Query OK,Totally:4 lines (0.14759 sec)
```

3.4.3　查看建表语句

查看建表语句如下所示：

```
SHOW CREATE TABLE tbl_name
```

查看 drivers 表的建表语句，示例如下：

```
database_test>show create table drivers\G.
*****************Row 1*****************
Table: drivers
```

```
Create Table: CREATE TABLE 'drivers' (
  'id' int(11) NOT NULL AUTO_INCREMENT,
  'name' varchar(64) COLLATE utf8_bin DEFAULT NULL,
  PRIMARY KEY ('id')
) ENGINE=SCSEng DEFAULT CHARSET=utf8 COLLATE=utf8_bin
Query OK,Totally:1 lines (0.00918 sec)
```

3.4.4　查看表结构

查看表结构信息语法如下所示：

```
{DESCRIBE | DESC} tbl_name [col_name]
OR
SHOW [FULL] COLUMNS {FROM | IN} tbl_name [LIKE 'pattern']
```

其中 FULL 参数表示结果集显示 Collation、Privileges 和 Comment 字段。

说明：

(1) Field：字段名、列名。

(2) Type：数据类型。

(3) Null：表示是否 NULL 可以被存储在列中。YES 表示可以，NO 表示不可以。

(4) Key：表示是否该列已编制索引。PRI 表示该列是表主键的一部分，UNI 表示该列是 UNIQUE 索引的一部分，MUL 值表示在列中某个给定值多次出现是允许的。MUL 将被显示在 UNIQUE 索引中，原因之一是多个列会组合成一个复合 UNIQUE 索引；尽管列的组合是唯一的，但每个列仍可以多次出现同一个给定值。注意，在复合索引中，只有索引最左边的列可以进入 Key 字段中。

(5) Default：缺省值/默认值。默认值被赋予该列。

(6) Extra：显示可以获取的与给定列有关的附加信息。在下例中 Extra 字段指示 id 列使用 AUTO_INCREMENT 关键词创建。

(7) Collation：排序方式。非二进制类型为 utf8_bin，否则为 NULL。

(8) Privileges：权限。当前用户对此表的权限。

(9) Comment：备注。

执行示例：

```
database_test>desc drivers.
+----------------+--------------+--------------+----------------+
|Field           |Type          |NULL          |Key             |
+                +              +              +                +
|Default         |Extra         |              |
+----------------+--------------+--------------+----------------+
|id              |int(11)       |NO            |PRI             |
+                +              +              +                +
|NULL            |auto_increment|              |
+----------------+--------------+--------------+----------------+
```

```
|name                  |varchar(64)     |YES             |                  |
+--------------+--------------+---------------+-----------------+
|NULL          |              |               |
+--------------+--------------+---------------+-----------------+
```

Query OK,Totally:2 lines (0.00186 sec)

database_test>show full columns from drivers.

```
+--------------+--------------+---------------+-----------------+
|Field         |Type          |Collation      |NULL             |
+--------------+--------------+---------------+-----------------+
|Key           |Default       |Extra          |Privileges       |
+--------------+--------------+---------------+-----------------+
|Comment       |
+--------------+--------------+---------------+-----------------+
|id            |int(11)       |NULL           |NO               |
+--------------+--------------+---------------+-----------------+
|PRI           |NULL          |auto_increment |select,insert,upda|
|              |              |               |te,references    |
+--------------+--------------+---------------+-----------------+
|name          |varchar(64)   |utf8_bin       |YES              |
+--------------+--------------+---------------+-----------------+
|              |NULL          |               |select,insert,upda|
|              |              |               |te,references    |
+--------------+--------------+---------------+-----------------+
```

Query OK,Totally:2 lines (0.00227 sec)

3.4.5　查看表状态

查看表状态的语法如下：

```
SHOW TABLE [FULL] STATUS
    [LIKE 'pattern' | WHERE expr]
    [ORDER BY column [ASC | DESC]]
```

说明：

(1) 不带任何选项时，show table status 命令查看当前库所有表的信息，按 Name 排序。

(2) 有 FULL 关键字时，可以查看当前库各个表在各个节点的分布情况，并按 Name，Rows 两列升序输出，包括每个表的统计信息，以及当前库所有表的统计信息。

该命令需要显示如下几列：

Host、Port、Name、Engine、Version、Row_format、Rows、Avg_row_length、Data_length、

Max_data_length、Index_length、Data_free、Auto_increment 、Create_time、Update_time、Check_time、Collation、Checksum、Create_options、Comment。

　　每个表单独输出一个合计行，对 Rows、Avg_row_length、Data_length、Index_length、Create_time、Update_time、Max_data_length、Data_free、Checksum 这几列进行合计(计算 Create_time、Update_time 取最大值)。

　　结果集的最后一行为总的合计行，对 Rows、Avg_row_length、Data_length、Index_length、Create_time、Update_time 这几列进行合计(计算 Create_time、Update_time 取最大值)。

　　(3) 如果需要查看特定表的信息，可以用 like 子句和 where 子句进行筛选。

　　(4) ORDER BY 指定最后的结果输出的排序列(若没有 ORDER BY 子句，结果集按默认的排序规则输出)。ORDER BY 默认是 ASC 升序输出。

　　输出各列含义如表 3-1 所示。

表 3-1　查看表状态属性表

属　　性	意　　义
Host	数据节点的IP地址，有FULL选项时输出本列
Port	数据节点的端口号，有FULL选项时输出本列
Name	表名
Engine	数据库引擎
Version	表的.frm版本号
Row_format	行存储格式
Rows	行数
Avg_row_length	每行数据的平均长度
Data_length	表数据总长
Index_length	索引长度
Auto_increment	自增字段
Create_time	表创建时间
Update_time	表更新时间
Check_time	表上次检查的时间
Collation	表的字符集
Create_options	创建表时的额外选项
Checksum	实时校验和
Comment	创建表时的注释

查看当前集群数据库内 dri2 表的简略信息。示例如下：

```
database_test>show table status like 'dri2'.
+--------------+--------------+--------------+------------------+
|Name          |Engine        |Version       |Row_format        |
+              +              +              +                  +
```

Rows	Avg_row_length	Data_length	Max_data_length
Index_length	Data_free	Auto_increment	Create_time
Update_time	Check_time	Collation	Checksum
Create_options	Comment		
dri2	SCSEng	10	Dynamic
0	0	0	2251799813685240
8192	0	1	2018-03-06 16:31:4 5
2018-03-06 16:31:4 5	NULL	utf8_bin	NULL

```
Query OK,Totally:1 lines (0.00599 sec)
```

查看 dri2 表在各个节点的分布情况(当前表所在集群中数据节点有八个,示例中只给出一个节点结果和汇总的结果,其中单个节点上 index_length 为 1024,汇总为 8192(1024*8)),示例如下:

```
database_test>show table full status like 'dri2'.
```

Host	Port	Name	Engine
Version	Row_format	Rows	Avg_row_length
Data_length	Max_data_length	Index_length	Data_free
Auto_increment	Create_time	Update_time	Check_time
Collation	Checksum	Create_options	Comment
192.168.0.93	2000	dri2	SCSEng
10	Dynamic	0	0

```
+-------------+----------------+--------------+----------------+-------------+
|0            |281474976710655 |1024          |0               |             |
+-------------+----------------+--------------+----------------+-------------+
|1           |2018-03-06 16:31:4|2018-03-06 16:31:4|NULL         |             |
|           |5                 |5                 |              |             |
+-------------+----------------+--------------+----------------+-------------+
|utf8_bin     |NULL            |              |                |             |
+-------------+----------------+--------------+----------------+-------------+
......
+-------------+----------------+--------------+----------------+-------------+
|            |                |0             |0               |             |
+-------------+----------------+--------------+----------------+-------------+
|0            |                |8192          |                |             |
+-------------+----------------+--------------+----------------+-------------+
|            |2018-03-06 16:31:4|2018-03-06 16:31:4|             |             |
|           |5                 |5                 |              |             |
+-------------+----------------+--------------+----------------+-------------+
+-------------+----------------+--------------+----------------+-------------+
Query OK,Totally:10 lines (0.00498 sec)
```

使用 ORDER BY 对 Host 列进行排序，示例如下：

```
database_test>show table full status like 'dri2' order by host.
+-------------+----------------+--------------+----------------+-------------+
|Host         |Port            |Name          |Engine          |             |
+-------------+----------------+--------------+----------------+-------------+
|Version      |Row_format      |Rows          |Avg_row_length  |             |
+-------------+----------------+--------------+----------------+-------------+
|Data_length  |Max_data_length |Index_length  |Data_free       |             |
+-------------+----------------+--------------+----------------+-------------+
|Auto_increment|Create_time    |Update_time   |Check_time      |             |
+-------------+----------------+--------------+----------------+-------------+
|Collation    |Checksum        |Create_options|Comment         |             |
+-------------+----------------+--------------+----------------+-------------+
|192.168.0.91 |2001            |dri2          |SCSEng          |             |
+-------------+----------------+--------------+----------------+-------------+
|10           |Dynamic         |0             |0               |             |
+-------------+----------------+--------------+----------------+-------------+
|0            |281474976710655 |1024          |0               |             |
+-------------+----------------+--------------+----------------+-------------+
```

```
|1              |2018-03-06 16:31:4|2018-03-06 16:31:4|NULL            |
|               |5                 |5                 |                |
+               +                  +                  +                +
|utf8_bin       |NULL              |                  |                |
+--------------+------------------+------------------+----------------+
|192.168.0.91   |2000              |dri2              |SCSEng          |
+               +                  +                  +                +
|10             |Dynamic           |0                 |0               |
+               +                  +                  +                +
|0              |281474976710655   |1024              |0               |
+               +                  +                  +                +
|1              |2018-03-06 16:31:4|2018-03-06 16:31:4|NULL            |
|               |5                 |5                 |                |
+               +                  +                  +                +
|utf8_bin       |NULL              |                  |                |
+--------------+------------------+------------------+----------------+
|192.168.0.92   |2000              |dri2              |SCSEng          |
+               +                  +                  +                +
|10             |Dynamic           |0                 |0               |
+               +                  +                  +                +
|0              |281474976710655   |1024              |0               |
+               +                  +                  +                +
|1              |2018-03-06 16:31:4|2018-03-06 16:31:4|NULL            |
|               |5                 |5                 |                |
+               +                  +                  +                +
|utf8_bin       |NULL              |                  |                |
+--------------+------------------+------------------+----------------+
Query OK,Totally:10 lines (0.00678 sec)
```

3.4.6　修改数据表

ALTER TABLE 可用于重名表或修改表结构，使用此命令时，需要指定表名和执行操作。

其完整语法如下所示：

```
ALTER [IGNORE] TABLE tbl_name
    [alter_specification [, alter_specification] ...]
    [partition_options]

alter_specification:
```

```
    table_option
  | ADD [COLUMN] col_name column_definition [FIRST | AFTER col_name ]
  | ADD [COLUMN] (col_name column_definition,...)
  | ADD {INDEX|KEY} [index_name](col_name,...)
  | ADD PRIMARY KEY(col_name,...)
  | ADD  UNIQUE [INDEX|KEY] [index_name](col_name,...)
  | ADD SPECIAL VALUE
          ((col1_value, col2_value[, ...])
          [,(col1_value, col2_value[, ...]),...]
          [FORCE] [threshold_value]
  | ALTER [COLUMN] col_name {SET DEFAULT literal | DROP DEFAULT}
  | CHANGE [COLUMN] old_col_name new_col_name column_definition
          [FIRST|AFTER col_name]
  | MODIFY [COLUMN] col_name column_definition [FIRST | AFTER col_name]
  | DROP [COLUMN] col_name
  | DROP PRIMARY KEY
  | DROP {INDEX|KEY} index_name
  | DISABLE KEYS
  | ENABLE KEYS
  | RENAME [TO|AS] new_tbl_name
  | ADD PARTITION (partition_definition)
  | DROP PARTITION partition_names
  | COALESCE PARTITION number
  | ANALYZE PARTITION {partition_names | ALL}
  | OPTIMIZE PARTITION {partition_names | ALL}
  | REBUILD PARTITION {partition_names | ALL}
  | REPAIR PARTITION {partition_names | ALL}
  | PARTITION BY partitioning_expression
  | REMOVE PARTITIONING
```

说明：

（1）如果上述操作会使更改后的表里的唯一性索引如主键出现重复键值，那么需要增加 IGNORE 关键字，否则 ATLER TABLE 语句作用会被取消；若带有 IGNORE，拥有键值重复的记录将被删除。

（2）在 ATLER TABLE 操作过程中，其他客户端依然可以从原始表里读取数据。那些试图更新该表的客户端被阻塞，一直到改操作执行完成为止；而此时，所有更新将会应用到那个新表上。

（3）alter_specification 指各种修改操作按顺序依次执行。但需要注意 HASH 字段不允许重命名、删除或被修改，HASH 字段指加主键约束字段或创建 HASH_INDEX/REF_INDEX 字段。且对于一张表，PRIMARY KEY/HASH_INDEX/ REF_INDEX 只能有其一，不能共存。约束和索引在后续章节中会详细介绍。

1. 增加列

```
ALTER [IGNORE] TABLE tbl_name
    ADD [COLUMN] col_name column_definition  [ FIRST | AFTER col_name ]
```

其中，col_name 是列名，column_definition 是列定义，格式同 CREATE TABLE 中完全相同。如果指定了 FIRST 关键字，则该列成为表的第一列；如果指定了 AFTER col_name，则该列被放置在所指定列后面。如果未指定列的位置，则会成为表的最后一列。

为 driver 表增加列 dabh，给 dabh 设置唯一索引，指定 dabh 的位置为 first。执行成功后执行 SELECT 语句查看，示例如下：

```
database_test>alter table drivers add dabh int unique first.
Query OK, 0 rows Affected (0.00528 sec)
database_test>select * from drivers limit 0.
+-----------------+-----------------+-----------------+
|dabh             |id               |name             |
+-----------------+-----------------+-----------------+
Query OK,Totally:0 lines (0.01110 sec)
```

2. 增加(一个/多个)列

```
ALTER [IGNORE] TABLE tbl_name
    ADD [COLUMN] (col_name column_definition,...)
```

该语句用于为表增加(一个/多个)列。col_name 是列名，column_definition 是列定义，格式同 CREATE TABLE 中完全相同。

为 drivers 表增加列 zjcx，再增加列 cclzrq、ccfzjg，默认在最后。然后执行 SELECT 语句查看，示例如下：

```
database_test>alter table drivers add (zjcx varchar(15)).
Query OK, 0 rows Affected (0.00463 sec)
database_test>alter table drivers
        ->add (cclzrq datetime ,ccfzjg varchar(10)).
Query OK, 0 rows Affected (0.00615 sec)
database_test>select * from drivers limit 0.
+--------------+--------------+--------------+--------------+
|dabh          |id            |name          |zjcx          |
+              +              +              +              +
|cclzrq        |ccfzjg        |              |
+--------------+--------------+--------------+--------------+
Query OK,Totally:0 lines (0.01015 sec)
```

3. 增加索引

```
ALTER [IGNORE] TABLE tbl_name
    ADD {INDEX|KEY} [index_name] (col_name,...)
```

此索引会根据"col_name,..."中列出的列名来创建，这些列应为指定表中的一个或者多个列。如果没有给出索引名字 index_name，则使用一个第一个索引列名作为索引的名字（具体示例参看索引管理部分）。

为表 drivers 中字段 zjcx 建立索引，创建成功后查看索引，示例如下：

database_test>alter table drivers add index (zjcx).
Query OK, 0 rows Affected (0.00467 sec)

database_test>show index from drivers.

Table	Non_unique	Key_name	Seq_in_index
Column_name	Collation	Cardinality	Sub_part
Packed	Null	Index_type	Comment
drivers	0	PRIMARY	1
id	A	0	NULL
NULL		BTREE	
drivers	0	dabh	1
dabh	A	NULL	NULL
NULL	YES	BTREE	
drivers	1	zjcx	1
zjcx	A	NULL	NULL
NULL	YES	BTREE	

Query OK,Totally:3 lines (0.00234 sec)

4．增加主键

```
ALTER [IGNORE] TABLE tbl_name
    ADD PRIMARY KEY (col_name,...)
```

该语句用于给指定列添加主键。如果当前表已经存在主键或 HASH_INDEX/REF_INDEX，此操作会无法执行，且只有空表才可以添加主键。注意在 SCSDB 中，主键、

HASH_INDEX/REF_INDEX 不能共存。当 col_name 有多个时称为组合主键。

新建 test_addpri 表，再为其添加主键，示例如下：

```
database_test>create table test_addpri( id int ).
Query OK, 0 rows Affected (0.04816 sec)
database_test>alter table test_addpri add primary key (id).
Query OK, 0 rows Affected (0.05351 sec)
```

5. 添加唯一索引

```
ALTER [IGNORE] TABLE tbl_name
    ADD  UNIQUE [INDEX|KEY] [index_name] (col_name,...)
```

该语句用于给指定列添加唯一约束(唯一索引)。UNIQUE 唯一索引只能保证同一节点内部的数据唯一，不保证整张表数据的唯一。当唯一索引建立在 HASH 字段上时，可保证集群内数据唯一，为此建议用户将唯一索引建立在 HASH 字段上。

给 drivers 表中 zjcx 列添加唯一索引。执行示例如下：

```
database_test>alter table drivers add unique uni_name(zjcx).
Query OK, 0 rows Affected (0.00643 sec)
```

6. 增加特殊值

```
ALTER [IGNORE] TABLE tbl_name
    ADD SPECIAL VALUE
    ((col1_value, col2_value[, ...])
    [,(col1_value,col2_value[, ...]),...]
    [FORCE] [threshold_value]
```

该语句用于给表增加特殊值。对于有主键、HASH_INDEX/REF_INDEX 的表，SCSDB 会使用 Hash 分片规则来分布存储表数据。但是，用户可以通过设定一些"特殊值"，来告诉 SCSDB 对于表中的这些"特殊值"，不需要按照 Hash 规则来进行存储，这些"特殊值"可以随机的分散在各个节点上。

增加特殊值时需要注意以下事项：

(1) 只有 Hash 分布表才能设置和查看特殊值。Hash 分布表即包含 Hash 字段的表。Hash 字段即增加主键约束或者建立 HASH_INDEX/REF_INDEX 字段。

(2) 特殊值必须增加在主键字段或特殊索引(HASH_INDEX/REF_INDEX)字段上。增加的特殊值字段数量和顺序要和主键字段或者特殊索引字段的数量和顺序保持一致。增加的特殊值需要用单引号括起来。NULL 表示空值。把 NULL 值设置为特殊值，则字符串"NULL"也会自动当做特殊值。

(3) FORCE 参数可选，表示是否在备份关系不正常情况下强制执行。只有在需要对已有数据重新分布时，该选项才有意义。

(4) threshold 参数可选，表示特殊值在单个节点上数据量的阈值，如果在节点上的数据量大于阈值则表示需要进行数据迁移，否则不需要迁移数据。没有给出 threshold_value 值时，默认值 20W。

(5) 特殊值不可重复。

在 student 表(存在主键)上增加特殊值。

将特殊值设置在主键字段上，由于 student 表中的主键字段只有一个，所以特殊值的字段数量只能有一个，执行成功，示例如下：

```
database_test>alter table student add special value('1'),('2'),('王五').
Query OK, 0 rows Affected (0.06315 sec)
```

特殊值字段数量超过了主键字段数量，执行失败报错，示例如下：

```
database_test>alter table student add special value('1','2').
Error (-5263):Parse sepcial value fail
```

特殊值重复，执行失败报错，示例如下：

```
database_test>alter table student add special value('1').
Error (-5263):Special value (1) already exists
```

设置特殊值后可以使用 SHOW SPECIAL VALUE 语句查看特殊值，语法如下所示：

```
SHOW SPECIAL VALUE FROM tbl_name
```

查看 student 表中的特殊值，示例如下：

```
database_test>show special value from student.
+-----------------+
|id               |
+-----------------+
|1                |
+-----------------+
|2                |
+-----------------+
|王五              |
+-----------------+
Query OK,Totally:3 lines (0.02511 sec)
```

非 Hash 表不可查看特殊值。首先创建非 Hash 表，再执行查看特殊值语句出错，示例如下：

```
database_test>create table test_hash( id int ).
Query OK, 0 rows Affected (0.00405 sec)
database_test>show special value from test_hash.
Error (-5262):Table has no hash columns, operation not allowed
```

7. 修改指定列默认值

```
ALTER [IGNORE] TABLE tbl_name
    ALTER [COLUMN] col_name {SET DEFAULT literal | DROP DEFAULT}
```

该语句用于修改指定列的默认值，既可以将指定列的默认值修改为指定值，也可以删除当前的默认值。对于后一种情况，有可能会赋予新的隐含默认值(具体参看附录)。

为 drivers 表中 name 列设置默认值，示例如下：

database_test>alter table drivers alter name set default 'drivers'.

Query OK, 0 rows Affected (0.01038 sec)

去掉 drivers 表中 name 列设置的默认值，示例如下：

database_test>alter table drivers alter name drop default.

Query OK, 0 rows Affected (0.01264 sec)

8. 更改列的名称与定义

```
ALTER [IGNORE] TABLE tbl_name
    CHANGE [COLUMN] old_col_name new_col_name column_definition
    [FIRST | AFTER col_name]
```

该语句中，old_col_name 和 new_col_name 分别是该列的当前名和新名，而 col_definition 是该列的新定义。col_definition 格式与 CREATE TABLE 语句中所使用格式相同，可以包含任何列属性，如 NULL、NOT NULL 和 DEFAULT。若只想更改列定义，则必须把相同的名字指定两遍。FIRST 和 AFTER 的作用与 ADD COLUMN 中相同。

修改 drivers 表中的 id 列为 xh，并设置为第一列，示例如下：

database_test>alter table drivers change id xh int first.

Query OK, 0 rows Affected (0.00945 sec)

9. 修改列定义

```
ALTER [IGNORE] TABLE tbl_name
    MODIFY [COLUMN] col_name column_definition [FIRST|AFTER col_name]
```

该语句中，col_name 是待修改的列名，col_definition 格式与 CREATE TABLE 语句中所使用格式相同，可以包含任何列属性，如 NULL、NOT NULL 和 DEFAULT。FIRST 和 AFTER 的作用与 ADD COLUMN 中相同。

修改 drivers 表中 name 列类型长度并设置默认值，示例如下：

database_test>alter table drivers
　　　　->modify name varchar(30) default 'drivers'.

Query OK, 0 rows Affected (0.00613 sec)

设置 drivers 表中 xh 列自增长(在前面演示中已设置 xh 为主键)，示例如下：

database_test>alter table drivers modify xh int auto_increment .

Query OK, 0 rows Affected (0.00547 sec)

10. 删除指定列

```
ALTER [IGNORE] TABLE tbl_name
    DROP [COLUMN] col_name
```

该语句用于从表中删除指定列，同时，如果该列还是某个索引的组成部分，它也会被从该索引中剔除。如果构成某个索引的所有列都被删除了，那么该索引也会被删除。

删除 drivers 表中 zjcx、cclzrq、ccfzjg 列，示例如下：

```
database_test>alter table drivers drop zjcx.
```
Query OK, 0 rows Affected (0.01009 sec)
```
database_test>alter table drivers drop cclzrq.
```
Query OK, 0 rows Affected (0.01379 sec)
```
database_test>alter table drivers drop ccfzjg.
```
Query OK, 0 rows Affected (0.01173 sec)

11. 删除主键

```
ALTER [IGNORE] TABLE tbl_name
    DROP PRIMARY KEY
```

该语句用于从表中删除主键。如果表中无主键，此动作将报错。

删除 test_addpri 表中的主键，示例如下：
```
database_test>alter table test_addpri drop primary key.
```
Query OK, 0 rows Affected (0.00837 sec)

删除成功后，test_addpri 表中已无主键，此时再执行删除主键操作将失败报错，示例如下：
```
database_test>alter table test_addpri drop primary key.
```
Error (-1405):Can't DROP 'PRIMARY'; check that column/key exists

删除 drivers 表中的主键。因为在建表时为主键字段设置了自增长，而自增长依赖于主键/唯一键，所以直接删除主键报错，示例如下：
```
database_test>alter table drivers drop primary key.
```
Error (-1405):Incorrect table definition; there can be only one auto column
and it must be defined as a key

需要先去掉字段自增长，再进行删除主键操作，示例如下：
```
database_test>alter table drivers modify xh int(11).
```
Query OK, 0 rows Affected (0.00522 sec)
```
database_test>alter table drivers drop primary key.
```
Query OK, 0 rows Affected (0.00553 sec)

12. 删除指定索引

```
ALTER [IGNORE] TABLE tbl_name
    DROP {INDEX|KEY} index_name
```

该语句用于从表中删除指定的索引。

删除 drivers 表中 dabh 字段的唯一索引(唯一键等价于唯一索引)，示例如下：
```
database_test>alter table drivers drop index dabh.
```
Query OK, 0 rows Affected (0.00547 sec)

详细介绍参看后续索引管理部分。

13. 禁用索引

```
ALTER [IGNORE] TABLE tbl_name
```

```
DISABLE KEYS
```

该语句用于禁止非唯一性索引在该表发生变化时及时更新。可以使用 ENABLE KEYS 来重启索引更新机制。

设置 student 表禁用索引，示例如下：

database_test>alter table student disable keys.

```
Query OK, 0 rows Affected (0.00357 sec)
```

14. 启用索引

```
ALTER [IGNORE] TABLE tbl_name
    ENABLE KEYS
```

该语句用于重启被 DISABLE KEYS 子句禁用的非唯一性索引自动更新机制。

重启 student 表被 DISABLE KEYS 子句禁用的非唯一性索引自动更新机制，示例如下：

database_test>alter table student enable keys.

```
Query OK, 0 rows Affected (0.00278 sec)
```

15. 重命名表

```
ALTER [IGNORE] TABLE tbl_name
    RENAME [TO|AS] new_tbl_name
```

该语句用于把表重命名为 new_tbl_name。

把 drivers 表名更改为 dri，示例如下：

database_test>alter table drivers rename to dri.

```
Query OK, 0 rows Affected (0.00402 sec)
```

上述修改操作完成后，可以通过查看表结构来确认修改操作，示例如下：

database_test>show full columns from dri.

```
+-------------+-------------+-------------+-----------------+
|Field        |Type         |Collation    |Null             |
+             +             +             +                 +
|Key          |Default      |Extra        |Privileges       |
+             +             +             +                 +
|Comment      |             |             |                 |
+-------------+-------------+-------------+-----------------+
|xh           |int(11)      |NULL         |NO               |
+             +             +             +                 +
|             |0            |             |select,insert,upda|
|             |             |             |te,references    |
+             +             +             +                 +
+-------------+-------------+-------------+-----------------+
|dabh         |int(11)      |NULL         |YES              |
+             +             +             +                 +
```

```
|                 |NULL            |               |select,insert,upda|
|                 |                |               |te,references     |
+                 +                +               +                  +

+-----------------+----------------+---------------+------------------+
|name             |varchar(30)     |utf8_bin       |YES               |
+                 +                +               +                  +
|                 |drivers         |               |select,insert,upda|
|                 |                |               |te,references     |
+                 +                +               +                  +
+-----------------+----------------+---------------+------------------+
Query OK,Totally:3 lines (0.00228 sec)
```

16. 增加分区(表已分区)

```
ALTER [IGNORE] TABLE tbl_name
    ADD PARTITION (partition_definition)
```

该语句用于给一个已经有分区的表增加一个新的分区。partition_definition 同 CREATE TABLE 中一样。

为 test_part1(RANGE 分区)表新增分区，但是因为建表时设置了 MAXVALUE，此时新增分区将执行失败，并报告错误，示例如下：

database_test>alter table test_part1 add partition (partition p3 values less than (888888) comment 'test add partition').

```
Error (-1405):MAXVALUE can only be used in last partition definition
```

为 test_part2(LIST 分区)表新增分区，示例如下：

database_test>alter table test_part2 add partition (partition p3 values in (7,8,9) comment 'test add partition').

```
Query OK, 0 rows Affected (0.00973 sec)
```

17. 删除(LIST/RANGE)指定分区

```
ALTER [IGNORE] TABLE tbl_name
    DROP PARTITION partition_names
```

该语句用于删除指定分区。此动作只适用 LIST 或 RANGE 分区，且被删除的分区里的数据将丢失。

删除 test_part2(LIST 分区)表中分区 p3，示例如下：

database_test>alter table test_part2 drop partition p3.

```
Query OK, 0 rows Affected (0.00595 sec)
```

18. 减少(HASH/KEY)分区数量

```
ALTER [IGNORE] TABLE tbl_name
    COALESCE PARTITION number
```

该语句用于将指定分区表的分区减少 number 个，将被删除分区中的数据合并到余下的分区里。此动作只适用于 HASH 或 KEY 分区。

减少 test_part3(LIST 分区)表中分区，表中原有分区 5 个，减少 3 个，示例如下：

database_test>alter table test_part3 coalesce partition 3.

Query OK, 0 rows Affected (0.01296 sec)

若减少分区数量超过表中现有分区数，将执行失败，并报告错误。test_part3(LIST 分区)表中分区现有 2 个，执行减少 5 个分区语句时失败报错，示例如下：

database_test>alter table test_part3 coalesce partition 5.

Error (-1405):Cannot remove all partitions, use DROP TABLE instead

19. 分析指定分区

```
ALTER [IGNORE] TABLE tbl_name
    ANALYZE PARTITION {partition_names | ALL}
```

该语句用于分析指定分区。此处可指定分区名称或使用 ALL 关键字，多个分区名之间用逗号分隔，ALL 表示全部。

20. 优化分区

```
ALTER [IGNORE] TABLE tbl_name
    OPTIMIZE PARTITION {partition_names | ALL}
```

该语句用于优化指定分区。此处可指定分区名称或使用 ALL 关键字，多个分区名之间用逗号分隔，ALL 表示全部。

21. 重建分区

```
ALTER [IGNORE] TABLE tbl_name
    REBUILD PARTITION {partition_names | ALL}
```

该语句用于重建指定分区。此处可指定分区名称或使用 ALL 关键字，多个分区名之间用逗号分隔，ALL 表示全部。

重建 test_part1(RANGE 分区)表分区，示例如下：

database_test>alter table test_part1 rebuild partition p0.

Query OK, 0 rows Affected (0.00813 sec)

database_test>alter table test_part1 rebuild partition all.

Query OK, 0 rows Affected (0.01082 sec)

database_test>alter table test_part1 rebuild partition p0,p1.

Query OK, 0 rows Affected (0.01649 sec)

22. 修复分区

```
ALTER [IGNORE] TABLE tbl_name
    REPAIR PARTITION {partition_names | ALL}
```

该语句用于修复表分区。此处可指定分区名称或使用 ALL 关键字，多个分区名之间用逗号分隔，ALL 表示全部。

23. 设置分区

```
ALTER [IGNORE] TABLE tbl_name
    PARTITION BY partitioning_expression
```

该语句用于给表设置分区。

给 dri 表设置分区，示例如下：

database_test>alter table dri partition by key(xh) partitions 6.

Query OK, 0 rows Affected (0.00942 sec)

24. 删除所有分区

```
ALTER [IGNORE] TABLE tbl_name
    REMOVE PARTITIONING
```

该语句用于删除所有分区，最终得到一个未分区的表。

删除 dri 表的分区，示例如下：

database_test>alter table dri remove partitioning.

Query OK, 0 rows Affected (0.00853 sec)

3.4.7　删除数据表

删除数据表操作是针对数据库中存在的数据表，在执行删除操作前要确认数据表的数据不再需要或数据已备份。

可以用 DROP TABLE 语句来删除表，其语法如下所示：

```
DROP [VIRTUAL| OWN] TABLE
    [IF EXISTS]
    tbl_name [, tbl_name] ...
```

说明：

(1) 删表即删除所有与表相关的文件。

(2) 一般情况下，如果想要删除的表不存在，那么删表语句将执行失败，并且报告错误。但是有一种例外情况，如果指定了 IF EXISTS 子句，删表语句将不会报告错误。

(3) 删除 VIRTUAL 表必须带有 VIRTUAL 选项；同样，删除 OWN 表必须带有 OWN 选项，否则会给数据库留下垃圾信息。

同时删除多个数据表，首先需要创建测试数据表，删除成功查看表是否仍存在，示例如下：

database_test>create table test(id int).

Query OK, 0 rows Affected (0.00426 sec)

database_test>create table test1(id int).

database_test>show tables like 'test%'.

```
+-------------------+
|Tables             |
+-------------------+
|test               |
+-------------------+
|test1              |
+-------------------+
```

```
Query OK,Totally:2 lines (0.00212 sec)
database_test>drop table test, test1.
Query OK, 0 rows Affected (0.04950 sec)
database_test>show tables like 'test%'.
+------------------+
|Tables            |
+------------------+
Query OK,Totally:0 lines (0.00178 sec)
```

重复删除数据表时无 if exists 会报错，示例如下：

```
database_test>drop table test.
Error (-1015):Table 'database_test.test' doesn't exist
0 rows Affected (0.01656 sec)
database_test>drop table if exists test.
Query OK, 0 rows Affected (0.04976 sec)
```

删除自拥有表 table_own，示例如下：

```
database_test>drop own table table_own.
Query OK, 0 rows Affected (0.05417 sec)
```

3.5　索　引　管　理

在公安交通大数据中，号牌识别信息表每年产生近百亿的数据，要从如此海量数据中快速查找到指定车辆的行驶轨迹，除了采用分布式存储和并行计算技术外，索引技术也是必不可少的一种技术。通过索引查询数据，就好比通过一本厚重的书的目录来快速检索到我们想要的内容一样，这需要合理的设计和使用索引，才能使数据库提供更快的数据检索服务。SCSDB 中对索引的操作有三种，分别为创建索引、查看索引、删除索引。

3.5.1　创建索引

创建索引就是在一个或多个字段上建立索引。创建索引的语法如下所示：

```
CREATE [UNIQUE] INDEX index_name
    ON tbl_name (index_col_name [,index_col_name]...)
```

该语法的作用是给 tbl_name 表添加一个名为 index_name 的新索引。新索引会根据 index_columns 里给出的列来创建，这些列是表里的一个或多个列，它们之间用逗号隔开。

由于索引会占用磁盘空间，且会严重影响数据的 INSERT/UPDATE/DELETE 速度，所以索引不是越多越好，"数据库监控与调优"一章会给出创建索引的指导建议。

1. 非唯一索引

默认情况下，创建的是非唯一索引。下面演示如何创建一个非唯一索引。以 catchinfo

表为例：

```
hcloud>create index idx on catchinfo (gcxh, kdbh).
Query OK, 0 rows Affected (0.01416 sec)
```

CREATE INDEX 语句在 SCSDB 数据库中会被当作 ALTER TABLE 语句来处理。如果需要为某个表创建多个索引，最好使用 ALTER TABLE 语句，这样只用一条语句就可以添加所有的索引，这比逐个创建要快得多。使用 ALTER TABLE 创建索引的例子如下所示：

```
hcloud>alter table drivers add index idx1 (gcxh),add index idx2 (kdbh).
Query OK, 0 rows Affected (0.01252 sec)
```

其执行结果等价于如下两条 CREATE INDEX 语句：

```
hcloud>create index idx on driver (gcxh).
Query OK, 0 rows Affected (0.01133 sec)
```

```
hcloud>create index idx on driver (kdbh).
Query OK, 0 rows Affected (0.01201 sec)
```

使用 ALTER TABLE 语句创建多个索引，只需要扫描全表数据一次；使用 CREATE INDEX 语句创建多个索引，需要执行多条 CREATE INDEX 语句，也就是需要扫描全表数据多次。所以，在创建多个索引时，使用 ALTER TABLE 更高效。

2. 唯一索引

若执行的语句中包含了 UNIQUE 关键字，则表明创建的是唯一索引。在 SCSDB 数据库中，唯一索引仅仅能保证被唯一索引约束的字段的数据在每个节点上的唯一性，并不能保证这些数据在整个集群中都是唯一的。

```
hcloud>create unique index idx on catchinfo(gcxh, kdbh).
Query OK, 0 rows Affected (0.01568 sec)
```

需要注意的是，若唯一索引作用于两个字段，如上述语句所示，则当 gcxh 字段与 kdbh 字段完全一样时，才会认为数据是重复的，如('1'，'张三')与('1'，'张三')会被认为是相同的数据，而('1'，'张三')与('1'，'张四')则会被认为是不同的数据。

3. 特殊索引

SCSDB 中，索引名字为 REF_INDEX 或 HASH_INDEX 有特殊含义，它会指示 SCSDB 根据该表的 REF_INDEX 或 HASH_INDEX 索引所作用的字段进行 HASH 分布，所以通常把索引名为 REF_INDEX 或 HASH_INDEX 的索引称为特殊索引。

```
hcloud>create index ref_index on catchinfo(hphm).
Query OK, 0 rows Affected (0.01003 sec)
```

创建特殊索引必须在表为空的时候创建，因为 SCSDB 数据库需要对表中数据进行 HASH 分布，若表不为空则无法完成操作。

特别的是，当特殊索引为组合索引时，其索引顺序将决定其计算字段 HASH 值的顺序，如指定顺序为(hpys, hphm)和指定顺序(hphm, hpys)的特殊索引所计算的 HASH 值是不一样的，故其数据分布规律也是不一样的。

如需保证数据在集群上都唯一，则通过创建主键或使用唯一索引的同时把索引名命名为 HASH_INDEX 或 REF_INDEX，来保证索引所作用的字段在整个 SCSDB 集群中都是唯一的。

3.5.2　查看索引

可以通过 SHOW INDEX 命令来查看指定表的索引信息，其语法格式如下：

```
SHOW {INDEX|INDEXES|KEYS} {FROM|IN} tbl_name
```

其中 INDEX、INDEXES 与 KEYS 在这里是同义词，使用时选取任意一个即可。

如查看 catchinfo 表的索引信息，示例如下：

```
hcloud>show index from catchinfo.
+---------------+---------------+-------------------+---------------+
|Table          |Non_unique     |Key_name           |Seq_in_index   |
+---------------+---------------+-------------------+---------------+
|Column_name    |Collation      |Cardinality        |Sub_part       |
+---------------+---------------+-------------------+---------------+
|Packed         |Null           |Index_type         |Comment        |
+---------------+---------------+-------------------+---------------+
|catchinfo      |1              |ref_index          |1              |
+---------------+---------------+-------------------+---------------+
|hphm           |A              |NULL               |NULL           |
+---------------+---------------+-------------------+---------------+
|NULL           |YES            |BTREE              |               |
+---------------+---------------+-------------------+---------------+
|catchinfo      |1              |idx_gcsj_kdbh_hphm |1              |
|               |               |_hpys              |               |
+---------------+---------------+-------------------+---------------+
|gcsj           |A              |NULL               |NULL           |
+---------------+---------------+-------------------+---------------+
|NULL           |               |BTREE              |               |
+---------------+---------------+-------------------+---------------+
|catchinfo      |1              |idx_gcsj_kdbh_hphm |2              |
|               |               |_hpys              |               |
+---------------+---------------+-------------------+---------------+
|kdbh           |A              |NULL               |NULL           |
+---------------+---------------+-------------------+---------------+
|NULL           |               |BTREE              |               |
+---------------+---------------+-------------------+---------------+
|catchinfo      |1              |idx_gcsj_kdbh_hphm |3              |
```

```
|              |                |_hpys             |              |
+--------------+----------------+------------------+--------------+
|hphm          |A               |NULL              |NULL          |
+--------------+----------------+------------------+--------------+
|NULL          |YES             |BTREE             |              |
+--------------+----------------+------------------+--------------+
|catchinfo     |1               |idx_gcsj_kdbh_hphm|4             |
|              |                |_hpys             |              |
+--------------+----------------+------------------+--------------+
|hpys          |A               |NULL              |NULL          |
+--------------+----------------+------------------+--------------+
|NULL          |YES             |BTREE             |              |
+--------------+----------------+------------------+--------------+
|catchinfo     |1               |idx_gcxh          |1             |
+--------------+----------------+------------------+--------------+
|gcxh          |A               |NULL              |NULL          |
+--------------+----------------+------------------+--------------+
|NULL          |YES             |BTREE             |              |
+--------------+----------------+------------------+--------------+
Query OK,Totally:6 lines (0.00579 sec)
```

如上执行结果所示，结果集各个列的含义如下：

(1) Table：该索引作用的表的表名。

(2) Non_unique：该索引是否为唯一索引。为 1 则表明索引为非唯一索引，允许所作用的字段值重复；若为 0 则表明索引是唯一索引。

(3) Key_name：索引名，创建索引时所指定的名字。

(4) Seq_in_index：索引中的序列号，从 1 开始。索引所作用的第二个字段则为 2。

(5) Column_name：索引所用的列。

(6) Collation：索引存储方式，值可以为 A 或 NULL，前者为升序存储，后者为无分类存储。

(7) Cardinality：索引中唯一值数目的估计值，SCSDB 在进行表连接或其他操作而选择索引时，该值越大，该索引被选中的几率越大。

(8) Sub_part：如果该列只是部分编入索引，则为编入索引的字符数目。如果为整列编入索引，则为 NULL。如 vehicle 表中 hphm 字段长度定义了 15 个字节，但前 10 个字节的重复性已经很低了，在这种情况下，可以在 hphm 字段的前 10 个字节上建立索引。

```
hcloud>create index idx on vehicle(hphm(10)).
Query OK, 0 rows Affected (0.03281 sec)
```

当索引建立完毕后，执行 SHOW INDEX 命令查看结果，注意：这里的 Sub_part 字段值为 10。

```
hcloud>show index from vehicle.
+---------------+---------------+----------------+--------------+
|Table          |Non_unique     |Key_name        |Seq_in_index  |
+               +               +                +              +
|Column_name    |Collation      |Cardinality     |Sub_part      |
+               +               +                +              +
|Packed         |Null           |Index_type      |Comment       |
+---------------+---------------+----------------+--------------+
|vehicle        |1              |idx             |1             |
+               +               +                +              +
|hphm           |A              |NULL            |10            |
+               +               +                +              +
|NULL           |YES            |BTREE           |              |
+---------------+---------------+----------------+--------------+
+Query OK,Totally:1 lines (0.00139 sec)
```

（9）Packed：表明关键字是如何被压缩，如果没有被压缩，则为 NULL。

（10）NULL：如果该列允许为 NULL，则为 YES，否则为 NO。

（11）Index_type：所使用索引的方式，SCSDB 目前所使用的是 BTREE 索引。

（12）Comment：索引的注释内容。

3.5.3　删除索引

使用 DROP INDEX 命令删除指定索引，其语法格式如下：

```
DROP INDEX index_name ON tbl_name
```

如删除 catchinfo 表的 ref_index 索引，示例如下：

```
hcloud>drop index ref_index on catchinfo.
Query OK, 0 rows Affected (0.00491 sec)
```

执行成功后,再次执行查看 drivers 表的索引,可以发现原本的 ref_index 已经被删除了。

```
hcloud>show index from catchinfo.
+---------------+---------------+------------------+--------------+
|Table          |Non_unique     |Key_name          |Seq_in_index  |
+               +               +                  +              +
|Column_name    |Collation      |Cardinality       |Sub_part      |
+               +               +                  +              +
|Packed         |Null           |Index_type        |Comment       |
+---------------+---------------+------------------+--------------+
|catchinfo      |1              |idx_gcsj_kdbh_hphm|1             |
|               |               |_hpys             |              |
+               +               +                  +              +
```

Table	Non_unique	Key_name	Seq_in_index	Column_name	Collation	Cardinality	Sub_part	Packed	Null	Index_type
				gcsj	A	680	NULL	NULL		BTREE
catchinfo	1	idx_gcsj_kdbh_hphm_hphm	2	kdbh	A	680	NULL	NULL		BTREE
catchinfo	1	idx_gcsj_kdbh_hphm_hphm	3	hphm	A	680	NULL	NULL	YES	BTREE
catchinfo	1	idx_gcsj_kdbh_hphm_hphm	4	hpys	A	680	NULL	NULL	YES	BTREE
catchinfo	1	idx_gcxh	1	gcxh	A	680	NULL	NULL	YES	BTREE

```
Query OK,Totally:5 lines (0.01357 sec)
```

3.6 视图管理

　　视图是一种虚拟的数据表，但并不真正包含数据。它们是用底层真正的数据表或其他视图定义出来的"假"的数据表，用来提供查看数据表数据的另一种方法，通常可以简化应用程序。

3.6.1　创建视图

在 SCSDB 数据库中，创建视图的语法如下所示：

```
CREATE
    [OR REPLACE]
    VIEW view_name [(column_list)]
    AS select_statement
```

如果要选取某个给定数据表的数据列的一个子集，把它定义为一个简单的视图是最方便的做法。假设需要经常从 student 表中选取 sno、sname 和 sex 等几个数据列，但不想每次都必须写出所有这些数据列的查询，如下所示：

select sno,sname,sex from student

但也不期望使用(*)进行查询。这虽然简单，但查询出的数据列不全是想要的。解决这个矛盾的办法是定义一个视图，让它只包括想要的数据列，具体语句如下所示：

hcloud>create view catchinfo_view as select kdbh,hphm,hpys from catchinfo.
Query OK, 0 rows Affected (0.00338 sec)

这个视图就像一个窗口，从中只能看到想看的数据列。这意味着可以在这个视图上使用(*)查询，而得到的将是在视图定义里给出的那些数据列：

*hcloud>select * from catchinfo_view limit 3.*

kdbh	hphm	hpys
12210	粤 F4TL11HY	12304
12218	粤 B1NI29HY	12304
12247	粤 B22IQIHY	12301

Query OK,Totally:3 lines (0.06983 sec)

如果在查询某个视图时还使用了一个 where 子句，则 SCSDB 数据库将在执行该查询时把它添加到那个视图的定义上进一步限制其检索结果。查询视图时，将其当做是一个普通的数据表进行查询即可。

这里需要注意 create view... as select_statement 语句是直接在各个数据节点上独立运行的。如图 3-5 所示，使用 create view... as select_statement 创建视图 v_hpsbcs，视图 v_hpsbcs 为对 catchinfo 表的号牌号码(hphm)进行分组统计的结果。

可以看到，在最后的 v_hpsbcs 视图中，"粤 B66666"在两个节点上分别有一条统计结果记录，("粤 B66666"，1)和("粤 B66666"，2)记录，而不是只有一条("粤 B66666"，3)，这正是由于 create view... as select_statement 语句是直接在各个数据节点上独立运行而导致的。

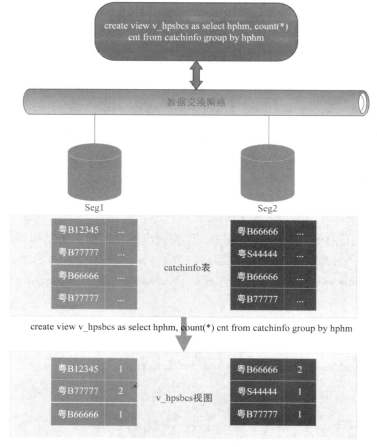

图 3-5　create view ... select_statement 执行过程

视图创建语法中还提供了 **OR REPLACE** 参数，即若视图已存在，则使用新的视图替换旧的视图。如上创建的视图，需要得到更多的个人信息，则可以执行创建或替换命令产生新的视图。

```
hcloud>create or replace view catchinfo_view
    ->as select kdbh,hphm,hpys,hpzl
    ->from catchinfo.
Query OK, 0 rows Affected (0.00874 sec)
```

此时再次进行视图的查询则会发现原先三个字段的视图变成了所需要的四个字段。

```
hcloud>select * from catchinfo_view limit 3.
+----------------+----------------+----------------+----------------+
|kdbh            |hphm            |hpys            |hpzl            |
+----------------+----------------+----------------+----------------+
|12229           |粤 M4LKUIHY     |12302           |10008           |
+----------------+----------------+----------------+----------------+
|12216           |粤 A4JAIGHY     |12301           |10013           |
```

```
+---------------+---------------+---------------+---------------+
|12243          |粤 S4KLTGHY    |12305          |10006          |
+---------------+---------------+---------------+---------------+
Query OK,Totally:3 lines (0.00708 sec)
```

3.6.2　查看视图

在 SCSDB 数据库中，视图与表的查看是没有区别的，都可以通过 SHOW TABLES 命令查询得到。为了区别哪些是视图哪些是表，可以使用 SHOW FULL TABLES 命令来查看，执行如下所示：

```
hcloud>show full tables.

+---------------+---------------+
|Tables         |Table_type     |
+---------------+---------------+
|catchinfo      |BASE TABLE     |
+---------------+---------------+
|catchinfo_view |VIEW           |
+---------------+---------------+
|drivinglicense |BASE TABLE     |
+---------------+---------------+
|vehicle        |BASE TABLE     |
+---------------+---------------+
Query OK,Totally:4 lines (0.00411 sec)
```

其中结果集第一列为视图或表的名称，第二列为表的类型。若为 BASE TABLE 则表明对应的表名是真实的物理表，若为 VIEW 则表明对应的表名是视图。

若表数量太多，还可以使用 SHOW FULL TABLES LIKE 命令进行精确查询或模糊查询，得到所需要的表的信息。

```
hcloud>show full tables like '%catchinfo%'.

+---------------+-------------------+
|Tables         |Table_type         |
+---------------+-------------------+
|catchinfo      |BASE TABLE         |
+---------------+-------------------+
|catchinfo_view |VIEW               |
+---------------+-------------------+
Query OK,Totally:2 lines (0.00249 sec)+
```

除此之外，还可以通过 WHERE 子句对表与视图进行区分查询，执行示例如下所示：

```
hcloud>show full tables where table_type='VIEW'.
```

```
+----------------+--------------------+
|Tables          |Table_type          |
+----------------+--------------------+
|catchinfo_view  |VIEW                |
+----------------+--------------------+
Query OK,Totally:1 lines (0.00135 sec)
```

3.6.3 删除视图

在 SCSDB 数据库中，删除视图的语法如下所示：

```
DROP VIEW [IF EXISTS] view_name [, view_name] ...
```

通过该命令，可以对一个视图执行删除操作，运行示例如下所示：

```
hcloud>drop view if exists catchinfo_view.
Query OK, 0 rows Affected (0.00331 sec)
```

当出现成功标志时，说明视图已经被删除了。该语句还附带了 **IF EXISTS** 参数，即当视图存在时才执行删除操作，若不存在则跳过删除，直接返回成功。

3.7 序 列 号 管 理

在 SCSDB 数据库中，序列号是一个唯一的、增长的数值。通常序列号用于某些有自增长需求的整数型的字段。

3.7.1 获取序列号

SCSDB 提供自增长序列号功能，SCSDB 保证用户通过接口或语句获得的序列号是唯一的、自增长的。SCSDB 的序列号是基于字段的，所以在获取序列号时，需指明相关字段。获取序列号的语法如下：

```
SHOW  {AUTOINC | SEQ} db_name,tbl_name,col_name seq_number
```

该命令返回连续 seq_number 个可用序列号的最小序列号。即用户可使用该命令返回的序列号及其后续的 seq_number-1 个序列号。

特别的是，查看的序列号所指定的数据库、数据表以及数据列均可以为非实际存在的，也就是可以为伪库、伪表以及伪字段。一个获取伪库伪表伪字段的例子如下所示：

```
hcloud>show autoinc pseudo_db,pseudo_tbl,pseudo_col 2.
+------------------+
|pseudo_db_pseudo_t|
|bl_autoinc_pseudo_|
|col               |
+------------------+
|1                 |
```

```
+------------------+
Query OK,Totally:1 lines (0.00183 sec)
```

通过如上操作可看到，用户可使用 1、2 这两个合法的序列号。在这里，数据库、数据表以及字段都是实际不存在的，但也能通过查看序列号命令获取。

3.7.2 查看序列号

查看序列号的命令与获取序列号命令相似，不需要最后的序列号数量，其语法如下所示：

```
SHOW {AUTOINC | SEQ} db_name,tbl_name,col_name
```

该命令用于查看指定的序列号当前的序列值是多少。返回的是该序列号当前已被申请使用的最大序列号值。执行示例如下：

```
hcloud>show autoinc pseudo_db,pseudo_tbl,pseudo_col.
+------------------+
|pseudo_db_pseudo_t|
|bl_autoinc_pseudo_|
|col               |
+------------------+
|3                 |
+------------------+
Query OK,Totally:1 lines (0.00066 sec)
```

3.7.3 查看全部序列号

查看当前集群数据库下全部序列号的语法格式如下：

```
SHOW {AUTOINCS | SEQS}
```

这条命令会把当前集群中所有使用的序列号值全部列出来。执行示例如下：

```
hcloud>show autoincs.
+------------------+------------------+
|SEQ NAME          |SEQ VALUE         |
+------------------+------------------+
|pseudo_db_pseudo_t|3                 |
|bl_autoinc_pseudo_|                  |
|col               |                  |
+------------------+------------------+
Query OK,Totally:1 lines (0.00233 sec)
```

3.7.4 重置序列号

重置序列号语法格式如下：

```
SET {AUTOINC | SEQ} db_name,tbl_name,col_name new_value
```

该命令用于对序列号进行重新设置，重置后，对应数据库、数据表、字段的序列号值将为新设置的 new_value。其中新的序列号值要比原本的序列号的值大。语句执行例子如下所示：

```
hcloud>set autoinc pseudo_db,pseudo_tbl,pseudo_col 1.
Error (-3102):Update sequence pseudo_db_pseudo_tbl_autoinc_pseudo_col to
0 fail
hcloud>set autoinc pseudo_db,pseudo_tbl,pseudo_col 4.
Query OK, 0 rows Affected (0.00390 sec)
```

3.7.5　删除序列号

可以使用 DELETE AUTOINC 命令删除不再需要的序列号。其语法如下所示：

```
DELETE {AUTOINC | SEQ} db_name,tbl_name,col_name
```

序列号删除后，SHOW AUTOINC 命令不能看到被删除的序列号。删除序列号的执行例子如下所示：

```
hcloud>delete autoinc pseudo_db,pseudo_tbl,pseudo_col.
Query OK, 0 rows Affected (0.00390 sec)
```

若重新获取已删除的序列号的序列号值，序列号会从 1 重新开始递增，示例如下：

```
hcloud>show autoinc pseudo_db,pseudo_tbl,pseudo_col 2.
+------------------+
|pseudo_db_pseudo_t|
|bl_autoinc_pseudo_|
|col               |
+------------------+
|1                 |
+------------------+
Query OK,Totally:1 lines (0.00083 sec)
```

本 章 小 结

天云星数据库(SCSDB)提供了丰富的命令集来管理数据库、数据表、索引、视图、序列号等数据库对象。这些数据库对象对应文件系统中的目录，而数据表对应文件。数据表有着丰富的属性定义，包括了数据类型、数据长度、是否为空、是否为主键、是否自增长、字符编码集、字段注释、表注释、表分区等属性。数据库索引和表分区对数据表的查询性能有着重要的影响，本章之后将会详细论述如何正确使用索引和表分区来提升数据查询的性能。视图可以用于数据安全管理，使得不同的用户看到不同的数据。

第 4 章　SCSDB 安全管理

公安交通大数据包括了车牌识别、民航、铁路、旅业、网吧、电信、快递等居民生活方方面面的数据，其中绝大部分具有较高的隐私属性，一旦泄漏将会严重影响居民的生活安全，造成强烈的社会负面效应。如何安全地管理公安交通大数据，是每个大数据平台需要面对的挑战，SCSDB 主要通过用户管理和权限机制来对公安交通大数据进行安全管理。

本章主要介绍 SCSDB 安全管理，主要分为账户管理、权限管理及数据库审计三个部分。其中账户管理部分着重介绍账户的创建、查看、删除及密码修改；权限管理部分着重介绍权限类别及权限赋予；数据库审计部分主要是对数据库的活动做跟踪记录管理。

4.1　SCSDB 账户管理

SCSDB 默认的超级管理员账号用户名为 SCS，密码为 123456，下面将基于这个账号来介绍如何通过 SCSQL 语句来对数据库中用户账户进行管理。账户管理操作包括创建用户、删除用户、修改密码、权限的赋予以及撤回、查看用户和权限查看。这些命令都需要具备 SUPER 权限或者 CREATE USER 权限才能执行，否则将得到如下语句所示的提示，此时需要联系数据库超级管理员进行问题排查分析。

```
scsdb>show users.
Error (-5305):You do not have create user permission
0 rows Affected (0.38007 sec)
```

注：对于全局范围内的 ALL PRIVILEGES 权限称之为 SUPER 权限。

4.1.1　创建用户

创建新用户的语法如下：

```
CREATE USER user_name IDENTIFIED BY 'password'
```

其中 user_name 为用户名，其长度不能超过 16 个字符并且不能为空。用户名由字母、数字、下划线组成，且必须以字母开头。如下所示，创建一个新用户 new_user，且密码为 123456 的语句：

```
scsdb>create user new_user identified by '123456'.
Query OK, 0 rows Affected (0.91020 sec)
```

如上例所示，成功创建了一个名为 new_user 的新用户，其登录密码为 123456。然后就可以使用 new_user 账号登录 SCSDB。

4.1.2　查看用户

查看数据库中所有用户的 SCSQL 语法如下：

```
SHOW USERS
```

该命令可以查看数据库中的所有用户以及用户所拥有的权限，执行示例如下所示：

```
scsdb>show users\G.
*****************Row 1*****************
User: SCS
Grant: GRANT ALL PRIVILEGES ON *.* TO 'SCS' IDENTIFIED BY PASSWORD
'*6BB4837EB74329105EE4568DDA7DC67ED2CA2AD9' WITH GRANT OPTION;
*****************Row 2*****************
User: new_user
Grant: GRANT USAGE ON *.* TO 'new_user' IDENTIFIED BY PASSWORD
'*6BB4837EB74329105EE4568DDA7DC67ED2CA2AD9';
GRANT SELECT, INSERT, UPDATE ON 'scsdbdnv. 'record_user_login' TO
'new_user';
GRANT INSERT, UPDATE, DELETE ON 'scsdbdn'. 'slow_query_tbl' TO 'new_user';

Query OK,Totally:2 lines (0.01894 sec)
```

从结果集中不难看出，当前数据库中，除了有默认的 SCS 用户，还有前面所创建的 new_user 用户。其中 SCS 用户拥有 ALL PRIVILEGES(SUPER)权限，而 new_user 用户只有登录权限，对 scsdbdn 库 record_user_login 表的 INSERT/UPDATE/SELECT 权限以及对 scsdbdn 库 slow_query_tbl 表的 INSERT/UPDATE/DELETE 权限。

4.1.3　修改密码

修改用户密码的 SCSQL 语法如下：

```
SET PASSWORD FOR user_name = PASSWORD('auth_string')
```

user_name 为需要修改密码的用户名，auth_string 为新密码且需要用单引号括起来，密码长度不能超过 64 位且不允许为空。若修改密码的用户为当前登录用户，则不需要其他权限，否则需要 SUPER 权限或全局的 UPDATE 权限。执行示例如下所示：

```
scsdb>set password for new_user=password('123456').
Query OK, 0 rows Affected (0.03643 sec)
```

密码修改完成后就可以使用新密码登录了。如果修改密码的用户为当前用户，则需要使用新密码重新登录才可以继续操作数据库。

4.1.4　删除用户

删除用户的 SCSQL 语法如下：

```
DROP USER user_name [,user_name] ...
```

删除用户时可以同时删除多个用户，用户名之间使用逗号分开，示例如下：

```
scsdb>drop user new_user.
Query OK, 0 rows Affected (0.15788 sec)
```

当返回成功时，再次执行 SHOW USERS 命令进行查看，会发现该用户已被删除了。

```
scsdb>show users.
+--------------+------------------+
|User          |Grant             |
+--------------+------------------+
|SCS           |GRANT ALL PRIVILEG|
|              |ES ON *.* TO 'SCS'|
|              | IDENTIFIED BY PAS|
|              |SWORD '*6BB4837EB7|
|              |4329105EE4568DDA7D|
|              |C67ED2CA2AD9' WITH|
|              | GRANT OPTION;    |
+--------------+------------------+
Query OK,Totally:1 lines (0.33302 sec)
```

4.2　SCSDB 权限管理

SCSDB 有四条权限管理命令，分别为赋予权限命令(GRANT)、撤销权限命令(REVOKE)、查看权限命令(SHOW GRANTS)，以及前面所提到的 SHOW USERS 查看用户命令。

4.2.1　赋予权限

通过 GRANT 语句可以给用户赋予指定权限。如果指定的用户存在，那么 GRANT 语句会修改其权限，如果不存在则会报错。GRANT 语句的语法如下所示：

```
GRANT
    priv_type [(column_list)][, priv_type [(column_list)]] ...
    ON priv_level
    TO user_name
    [WITH GRANT OPTION]
```

```
priv_level:
    *.*
  | db_name.*
  | db_name.tbl_name
```

（1）priv_type，priv_type 表示的是赋予给用户的权限。例如 SELECT 权限允许用户执行 SELECT 语句，CREATE 权限允许用户执行 CREATE TABLE 语句，ALL PRIVILEGES 权限允许用户执行任何语句。例如给用户 new_user 赋予全局的 INSERT 权限，示例如下：

```
hcloud>grant insert on *.* to new_user.
Query OK, 0 rows Affected (0.02376 sec)
```

GRANT 可以一次指定多个权限，每个权限之间使用逗号进行分隔。例如把 hcloud 数据库的 catchinfo 表的 INSERT、UPDATE 和 DELETE 权限赋予用户 new_user，示例如下：

```
hcloud>grant insert,update,delete on hcloud.catchinfo to new_user.
Query OK, 0 rows Affected (0.02766 sec)
```

（2）column_list，column_list 表示的是受权限影响的列。它是可选的，并且只用于设置列相关的权限。多个列之间以逗号分隔。例如给用户 new_user 赋予 hcloud.catchinfo 表的 hphm 列与 hpys 列的查询权限，示例如下：

```
hcloud>grant select(hphm,hpys) on hcloud.catchinfo to new_user.
Query OK, 0 rows Affected (0.05676 sec)
```

完成上面的赋权操作后，使用 new_user 账号重新登录，并选择 hcloud 数据库，执行 select * from catchinfo 查询 catchinfo 表数据，可以看到查询结果只有 hphm、hpys 这两列，示例如下：

```
hcloud>select * from catchinfo limit 5.
+----------------+----------------+
|hphm            |hpys            |
+----------------+----------------+
|粤 B1X1WPHY     |12302           |
+----------------+----------------+
|HY              |12304           |
+----------------+----------------+
|粤 B22IQIHY     |12301           |
+----------------+----------------+
|粤 F4TL11HY     |12304           |
+----------------+----------------+
|粤 B1NI29HY     |12304           |
+----------------+----------------+
Query OK,Totally:5 lines (0.04586 sec)
```

（3）priv_level，priv_level 表示权限应用的级别。最高级别是全局级，给定的权限会作用于所有数据库和所有数据表。权限也可以作用于特定的级别,包括数据库、数据表、列(如果指定了 column_list)。

① 全局权限。例如赋予用户所有数据库的所有数据表的插入权限:

hcloud>grant insert on *.* to new_user.

② 数据库级权限。例如赋予用户 hcloud 库的所有数据表的插入权限:

hcloud>grant insert on hcloud.* to new_user.

③ 数据表级权限。例如赋予用户 hcloud.catchinfo 表的插入权限:

hcloud>grant insert on hcloud.catchinfo to new_user.

以上三条语句分别表示把全局的 INSERT 权限、数据库级的 INSERT 权限以及数据表级的 INSERT 权限赋予 new_user 用户。

(4) WITH GRANT OPTION,WITH GRANT OPTION 为可选项,它可用于赋予 GRANT OPTION 权限,从而允许该账户把自己的权限转授给其他的用户。例如给 new_user 用户赋予 hcloud.catchinfo 表的 INSERT 权限,同时还允许该用户把自己的权限分配给其他用户的命令如下:

hcloud>grant insert on hcloud.catchinfo to new_user with grant option.

该命令执行完后,用户 new_user 就可以把自己所拥有的权限分配给其他用户了。用户想要分配某个权限,必须先自己拥有这个权限,并且还必须拥有 GRANT OPTION 权限。

(5) 权限列表,一个账户可能会被赋予多种权限,而这些权限主要分为两类,管理权限和对象权限。另外,还有两个特殊权限说明符:ALL(或 ALL PRIVILEGES)和 USAGE。其中 ALL 表示的是"所有权限"(GRANT OPTION 除外),USAGE 表示的是"无权限"。USAGE 的主要作用在于更改账户的 GRANT OPTION 权限。USAGE 权限只能赋予为全局权限。

例如若用户的权限已经分配完成,在期望用户权限不改变的情况下,可以使用 USAGE 特殊权限来为用户赋予 GRANT OPTION 权限:

hcloud>grant usage on *.* to new_user with grant option.

表 4-1 所列权限适用于针对对象(如数据库、数据表、视图等)的操作。它们控制着对服务器所管理的那些数据进行访问的能力。

表 4-1　对象操作权限表

权限名	解　释
ALTER	此权限使用户可以使用 ALTER TABLE 语句,不过根据用户相对表进行的具体操作,可能还需要某些附加权限
CREATE	此权限使用户能够创建数据库和表,它不能让用户创建表索引,除非这些索引一开始便定义在 CREATE TABLE 语句里
CREATE VIEW	此权限使用户能够创建视图
DELETE	此权限使用户能够删除表里的行

续表

权限名	解　　释
DROP	此权限使用户能够删除数据库和表，它不允许用户删除索引
INDEX	此权限使用户能够创建或删除表的索引
INSERT	此权限使用户能够将行插入表里
SELECT	此权限使用户能够使用 SELECT 语句检索表里的数据，对于 SELECT NOW() 或 SELECT 4/2 这样的 SELECT 语句，不需此权限，因为它们只是在执行表达式计算，并未涉及表的操作
SHOW VIEW	此权限使用户能够使用 SHOW CREATE VIEW 语句查看视图定义
UPDATE	此权限使用户能够修改表里的行

　　表 4-2 所列权限适用于管理操作。通常情况下，在分配这些权限时需要加倍小心，因为它们会让用户对服务器的运作产生影响。

表 4-2　管理操作权限表

权限名	解　　释
GRANT OPTION	它可以让用户将自己拥有的权限授予其他用户，其中包括 GRANT OPTION 权限
PROCESS	它可以让用户使用 SHOW PROCESSLIST 语句来查看与当前执行的活动相关的信息，利用这种权限，用户可以查看所有的活动情况，甚至包括其他用户的活动情况，即使在没有 PROCESS 权限的情况下，用户也可以看到自己的活动情况
RELOAD	此权限使用户能执行某些服务器管理操作，在拥有 RELOAD 权限之后，便可以执行像 FLUSH 和 RESET 这样的语句
REPLICATION CLIENT	此权限使用户可以使用语句 SHOW MASTER STATUS 和 SHOW SLAVE STATUS 来查询主从节点的位置和状态
SUPER	此权限能够使用户使用 KILL 语句来终止执行任务，甚至包括那些属于其他用户的任务，在没有 SUPER 权限的情况下，用户也始终可以终止自己的任务

4.2.2　查看权限

　　查看指定用户的权限的 SCSQL 语句如下：

```
SHOW GRANTS FOR user_name
```

　　该命令可以查看指定用户所具有的权限，示例如下所示：

```
scsdb>show grants for new_user.
+------------------+
|Grants for new_use|
|r                 |
+------------------+
|GRANT ALL PRIVILEG|
```

```
|ES ON *.* TO 'new_|
|user' IDENTIFIED B|
|Y PASSWORD '*6BB48|
|37EB74329105EE4568|
|DDA7DC67ED2CA2AD9'|
+------------------+
|GRANT SELECT, INSE|
|RT, UPDATE ON `scs|
|dbdn`.`record_user|
|_login` TO 'new_us|
|er'               |
+------------------+
Query OK,Totally:2 lines (0.02822 sec)
```

4.2.3　撤销权限

要撤销某个用户的部分或全部权限，可使用 REVOKE 语句。REVOKE 语句的语法和 GRANT 语句的有些相似。不同之处在于，前者用 FROM 子句替换了 TO 子句。命令格式如下所示：

```
REVOKE
    priv_type [(column_list)][, priv_type [(column_list)]] ...
    ON priv_level
    FROM user_name [, user_name] ...
```

其中的 priv_type、column_list 等均与赋权一致，而且撤权操作可以同时作用于多个用户。由于 GRANT OPTION 并未包含在 ALL PRIVILEGES 权限里面。若需要取消用户赋权功能，可把 GRANT OPTION 选项当作权限放在权限列表中，显式地指定它。下面这条语句撤销 new_user 用户的所有权限以及 grant option 权限：

```
scsdb>revoke all,grant option on *.* from new_user.
Query OK, 0 rows Affected (0.01151 sec)
```

4.3　数 据 库 审 计

数据库审计，就是对数据库的活动做跟踪记录，主要包括数据库连接、SCSQL 语句执行、数据库对象访问这些方面的跟踪记录。通过对用户访问数据库行为的记录、分析和汇报，用来帮助用户事后生成事故分析报告、事故追根溯源，提高数据资产安全。

4.3.1　审计日志

SCSDB 的审计日志文件，记录了用户的数据库登录、退出行为，执行的 SCSQL 语句，

SCSQL 语句的执行结果等信息，管理员可以利用这些信息来对数据库安全事故进行追查。SCSDB 的审计信息记录在审计文件中，用户可以利用 grep、sed 等命令来分析审计日志文件。用户也可以使用 LOAD AUDIT LOG 命令，很方便地将审计日志文件导入到 SCSDB 的数据表中进行分析。

　　数据库审计需要消耗 CPU、磁盘 I/O，但 SCSDB 作为大数据平台，数据的安全性又是重中之重，因此，考虑到数据安全和性能的平衡，SCSDB 是默认开启审计的，但不对 INSERT 语句进行审计。正常的 INSERT 语句执行不会记录审计日志，只有 INSERT 语句执行出错时，才会将此次 INSERT 行为记录审计日志。

　　SCSDB 的审计日志存储在/var/scs/logs/scsdb2server/Audit.log*的一组日志文件中，一组包括 10 个文件，每个文件 32M。其中 Audit.log 存储的是最新的审计日志，而 Audit.log.N(N 为数字 1~9)存储的是历史的审计日志，N 越大，日志产生的时间越早。SCSDB 循环利用 Audit.log、Audit.log.1......Audit.log.9 这 10 个文件来记录审计日志，当所有日志文件满了之后，删除 Audit.log.9，然后再把 Audit.log.8 重命名为 Audit.log.9，Audit.log.7 重命名为 Audit.log.8，依次进行，直至把 Audit.log 重命名为 Audit.log.1，最后创建新的日志文件 Audit.log 来写入最新的审计日志。

　　审计日志中记录了用户的登录、退出行为，包括用户什么时候登录、从什么地方登录、登录后选择了哪个数据库、用户什么时候退出数据库。用户登录、退出的日志信息如下：

```
[9901-00000006] 08/12/2017 02:35:07 INFO - a new client, it's id is
9901-00000006, and it's pid is 9901
[9901-00000006] 08/12/2017 02:35:07 INFO - user SCS login [hcloud] from
192.168.0.159:40893 to 192.168.0.91:2180
[9901-00000006] 08/12/2017 02:35:14 INFO - user SCS from 192.168.0.159:40893
exit
```

　　在这个示例中可以看到，SCS 用户在 08/12/2017 02:35:07 的时候从 192.168.0.159 服务器登录了数据库，并选择了 hcloud 库作为当前库，且该用户在 08/12/2017 02:35:14 时刻退出了数据库。

　　审计日志也把用户操作的 SCSQL 语句以及 SCSQL 语句的执行结果分为两条日志来记录。记录用户操作的 SCSQL 语句的日志格式如下：

[用户连接编号]　时间　日志等级　-　[用户描述]　[命令类型]　命令计数：执行命令

记录 SCSQL 语句的执行结果的日志格式如下：

[用户连接编号]　时间　日志等级　-　[用户描述]　[命令类型]　执行结果

　　用户连接编号：由连接的进程号和登录序号组成。第一个用户登录数据库的登录序号为 00000001、第二个为 00000002，以此类推。"进程号-登录序号"形成了用户连接编号，如"9937~00000007"。

　　时间：审计日志的记录时间。

　　日志等级：日志的等级，目前只有 INFO 普通等级。

　　用户描述：user FROM host，包括用户名以及用户从哪连接来的描述信息。

　　命令类型：执行的 SCSQL 命令的类型，有以下一些 SCSQL 命令类型，如表 4-3 所示。

表 4-3　命令类型表

类 型	对应的 SCSQL 语句
SESSION	登录、退出数据库
SELECT	SELECT 语句
PREPROCESS	预处理语句
INSERT	INSERT 语句
DELETE	DELETE 语句
UPDATE	UPDATE 语句
DATABASE	CREATE/DROP/USE DATABASE 语句
TABLE	CREATE/DROP/ALTER TABLE 语句
INDEX	CREATE/DROP INDEX 语句
VIEW	CREATE/DROP VIEW 语句
SPECIAL_VALUE	ALTER TABLE tbl_name ADD SPECIAL VALUE 语句
SHOW	SHOW TABLES/SHOW INDEX/DESC 等 SHOW 语句
SHOW_FAIL_RECORDS	SHOW FAIL RECORDS 语句
PLAN	PLAN 语句
SHOW_CLUSTER_INFO	SHOW CLUSTER INFO /SHOW DATABASES/SHOW NODES 语句
USER_PRIV	CREATE/DROP/SHOW USER 和 GRANT/REVOKE/SHOW GRANTS/SET PASSWORD/ALTER USER 语句
SET	START/STOP BACKUP、SET MASTER/SLAVE 等 SET 语句
PROCESSLIST	SHOW PROCESSLIST/KILL LIKE 语句
TASKS	SHOW TASKS/KILL 语句
TABLE_STATUS	SHOW TABLE STATUS 语句
SEQ	SHOW SEQ/SET SEQ/SHOW SEQS/DELETE SEQ 等序列号相关语句
SESSION_STATUS	SELECT @@VERSION 等会话状态相关语句
NONE	COMMIT/ROLLBACK 等不需要 SCSDB 真正执行的语句
HELP	HELP 语句
LOGLEVEL	SET LOGLEVEL 语句
EXPLAIN	EXPLAIN 语句
UNKOWN	SCSDB 不识别的语句

执行次数：用户登录数据库之后，这是第几次执行 SCSQL 命令。

执行命令：这次执行的 SCSQL 命令。

执行结果：表明了 SCSQL 语句的执行是成功(success)还是失败(fail)。

用户操作的 SCSQL 语句的日志如下：

```
[9937-00000007] 08/12/2017 02:44:33 INFO - [SCS FROM 192.168.0.159:40903][SHOW]
query 1 times: show tables
```

```
[9937-00000007] 08/12/2017 02:44:33 INFO - [SCS FROM 192.168.0.159:40903][SHOW]
query 1 times success
[9937-00000007] 08/12/2017 02:44:39 INFO - [SCS FROM 192.168.0.159:40903]
[SELECT] query 2 times: select * from catchinfo
[9937-00000007] 08/12/2017 02:44:40 INFO - [SCS FROM 192.168.0.159:40903]
[SELECT] query 2 times success
[9937-00000007] 08/12/2017 02:58:10 INFO - [SCS FROM 192.168.0.159:40903]
[SELECT] query 3 times: select * from catch
[9937-00000007] 08/12/2017 02:58:10 INFO - [SCS FROM 192.168.0.159:40903]
[SELECT] query 3 times fail,[-1015]:semantic error: Table 'hcloud.catch'
doesn't exist
```

从这个示例中可以看到，有个从 192.168.0.159 登录的用户 SCS，在登录后依次执行了 show tables 和 select * from catchinfo 两条命令，且都执行成功。在第 3 次执行 select * from catch 命令时出错了，且出错原因是数据表 catch 不存在。

4.3.2　审计日志分析

用户可以使用 LOAD AUDIT LOG 命令，将审计日志加载到数据库中进行审计分析。LOAD AUDIT LOG 命令的语法如下：

```
LOAD AUDIT LOG [log_file] TO tbl_name
```

log_file 是可选的，如果没有指定 log_file，则该命令将默认的审计日志(/var/scs/logs/scsdb2server/Audit.log*)加载到数据表 tbl_name 中。

tbl_name 是加载审计日志的目标表，如果该表不存在，LOAD AUDIT LOG 会自动创建该表。表结构信息如下：

```
hcloud>CREATE TABLE AUDIT_LOG
    ->(
    -> log_id int primary key auto_increment comment '日志ID',
    -> session_id varchar(64) comment '会话连接ID',
    -> user varchar(32) comment '用户名',
    -> user_host varchar(32) comment '用户主机的IP',
    -> log_type varchar(64) comment '日志类型',
    -> begin_time datetime comment '开始时间',
    -> end_time datetime comment '结束时间',
    -> cnt long comment '执行的SCSQL语句计数',
    -> statement varchar(1024) comment '执行的SCSQL语句',
    -> status int comment '执行SCSQL语句的结果,0表示成功,1表示失败'
    ->).
```

log_type 为"SESSION"时，begin_time/end_time 分别表示登录时间、退出时间；log_type 为其他时，begin_time/end_time 分别表示 SCSQL 语句执行的开始时间、结束时间。

审计日志从文件加载到审计日志表后，就可以对审计日志表进行审计。

例如加载/var/scs/logs/scsdb2server/Audit.log 日志文件到 audit_log 日志表：

```
hcloud>load audit log /var/scs/logs/scsdb2server/Audit.log to audit_log.
```

或将默认的审计日志文件加载到 audit_log 日志表：

```
hcloud>load audit log to audit_log.
```

如审计在 2017-08-12 02:00:00 到 03:00:00 使用了数据库的用户，且查询了 student 表的用户，示例如下：

```
hcloud>select *
    ->from audit_log
    ->where log_type = 'SESSION' and
    ->begin_time <= '2017-08-12 03:00:00' and
    ->end_time >= '2017-08-12 02:00:00'.
```

log_id	session_id	user	user_host
log_type	begin_time	end_time	cnt
statement	status		
1	2017-08-12 02:44:2 1-00000007	SCS	192.168.0.159
SESSION	2017-08-12 02:44:2 1	2017-08-12 02:59:2 1	NULL
NULL	NULL		

```
Query OK,Totally:1 lines (0.00810 sec)
```

审计在 2017-08-12 02:00:00 到 03:00:00 使用了数据库，且查询了 student 表的用户，示例如下：

```
hcloud>select *
    ->from audit_log
    ->where log_type = 'SELECT' and
    ->begin_time <= '2017-08-12 03:00:00' and
    ->end_time >= '2017-08-12 02:00:00' and
    ->statement like '%student%'.
```

log_id	session_id	user	user_host
log_type	begin_time	end_time	cnt

```
+-------------+-----------------+-----------------+---------------+
|statement    |status           |                 |               |
+-------------+-----------------+-----------------+---------------+
|3            |2017-08-12 02:44:2|SCS             |192.168.0.159 |
|             |1-00000007       |                 |               |
+-------------+-----------------+-----------------+---------------+
|SELECT       |2017-08-12 02:44:3|2017-08-12 02:44:4|2             |
|             |9                |0               |               |
+-------------+-----------------+-----------------+---------------+
|select * from stud|0           |                 |               |
|ent          |                 |                 |               |
+-------------+-----------------+-----------------+---------------+
Query OK,Totally:1 lines (0.01244 sec)
```

审计在 2017-08-12 02:00:00 到 03:00:00 使用了数据库,且执行 SCSQL 语句出错的情况统计:

```
hcloud>select user, count(*)
    ->from audit_log
    ->where  begin_time <= '2017-08-12 03:00:00' and
    ->end_time >= '2017-08-12 02:00:00' and
    ->status = 1
    ->group by user.
+---------------+---------------+
|user           |count(*)       |
+---------------+---------------+
|SCS            |1              |
+---------------+---------------+
Query OK,Totally:1 lines (0.01041 sec)
```

如果用户基于性能的考虑,不需要审计日志,那么用户可以使用 STOP AUDIT 命令来关闭审计。关闭审计后,SCSDB 不再将相关审计信息写入日志,语句如下:

```
STOP AUDIT
```

本 章 小 结

在天云星数据库(SCSDB)中,可以通过账户管理、权限管理、数据库审计等来进行数据库的安全管理。账户管理允许管理员创建用户、查看用户、修改密码和删除用户。权限管理能够严格控制那些只有授权的用户才能够查看的数据,从而保护数据不被非法访问。当数据安全事件发生后,SCSDB 还可以通过数据库审计功能追查是谁访问了不该访问的数据,从而最大限度地保障数据的安全操作。

第 5 章　SCSDB 备份与还原

数据备份几乎是任何计算机系统中绝对必需的组成部分。人为操作失误、磁盘损坏甚至数据中心发生火灾、地质灾难等这些都是不可控的现实情况，数据库管理员必须对此有所准备。公安交通大数据由于涉及居民生活的方方面面，是城市管理领域的重大基础数据，一旦数据丢失将会给城市管理带来不少困难，因此对公安交通大数据要采取可靠的备份措施，以保证数据管理的安全性。SCSDB 具有数据实时备份机制，同时还提供了冷备份的备份机制及恢复工具以保证数据库的数据安全。

5.1　SCSDB 实时备份机制

第 2 章在安装 SCSDB 的过程中，有一个很重要的步骤是进行数据节点规划，包括了选择需要部署数据节点的服务器，每台服务器部署数据节点的数量，以及数据节点的主从关系(也就是安装过程中的配置文件 cluster.conf 的[nodes]域)。SCSDB 的数据节点分为主数据节点和从数据节点(简称为主节点、从节点)，一对主从节点的数据是实时双向备份的，若在主节点插入了一条新数据，同时也会在从节点插入该新数据；同理，若在从节点删除了一条数据，同时也会在主节点删除该数据。

5.1.1　数据实时备份介绍

SCSDB 的数据节点分为主节点和从节点，一个主节点对应一个或多个从节点，用户登录数据库后，既可以选择使用主节点进行数据的存储、查询，也可以选择使用从节点进行数据的存储、查询。默认使用主节点，用户也可以通过执行 SET SLAVE 命令来选择使用从节点，或通过执行 SET MASTER 命令来选择使用主节点。关于 SET {MASTER | SLAVE} 命令的更详细介绍，可以参看第 7 章的 "读写分离" 一节。

当在主节点上执行 INSERT/UPDATE/DELETE/CREATE/DROP 等数据操作、数据定义的 SCSQL 语句时，SCSDB 会在从节点上重新执行该 SCSQL 语句；同样，在从节点上执行的数据操作、数据定义的 SCSQL 语句，SCSDB 也会在主节点上重新执行一次。这样，主节点和从节点上就会分别存储一份相同的数据，即在 SCSDB 集群中存储有两份相同的数据，以确保数据的安全性和系统的高可用性。如图 5-1 所示，有两台服务器 A、B，每台服务器分别安装 4 个数据节点，其中 2000 和 2001 为主节点，2002 和 2003 为从节点，主从节点数据实时备份的效果如图 5-1 所示。

如图 5-1 所示，每行记录都会同时存储在主节点和从节点。

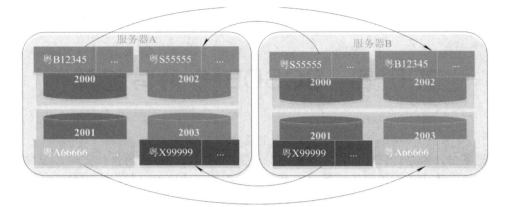

图 5-1　SCSDB 数据实时备份效果示意图

如下，用户连接使用主节点，查询 catchinfo 表，有如下数据：

```
hcloud>set maseter.
Query OK, 0 rows Affected (0.00236 sec)
hcloud>select hphm,hpys,gcsj,kdbh from catchinfo order by hphm limit 5;
+--------------+-------+---------------------+--------+
| hphm         | hpys  | gcsj                | kdbh   |
+--------------+-------+---------------------+--------+
| HY           | 12304 | 2018-02-18 00:43:21 | 12301  |
| 云A49KIRHY   | 12301 | 2018-02-21 23:40:47 | 12245  |
| 云A4A1LJHY   | 12302 | 2018-02-22 16:09:08 | 12214  |
| 云A4AXV5HY   | 12305 | 2018-02-26 02:29:03 | 12234  |
| 云A4BPB1HY   | 12303 | 2018-02-26 20:21:12 | 12218  |
+--------------+-------+---------------------+--------+
Query OK,Totally:5 lines (0.06 sec)
```

再通过 SET SLAVE 命令切换到使用从节点，查询 catchinfo 表，有如下数据：

```
hcloud>set slave.
Query OK, 0 rows Affected (0.02126 sec)
hcloud>select hphm,hpys,gcsj,kdbh from catchinfo order by hphm limit 5;
+--------------+-------+---------------------+--------+
| hphm         | hpys  | gcsj                | kdbh   |
+--------------+-------+---------------------+--------+
| HY           | 12304 | 2018-02-18 00:43:21 | 12301  |
| 云A49KIRHY   | 12301 | 2018-02-21 23:40:47 | 12245  |
| 云A4A1LJHY   | 12302 | 2018-02-22 16:09:08 | 12214  |
| 云A4AXV5HY   | 12305 | 2018-02-26 02:29:03 | 12234  |
| 云A4BPB1HY   | 12303 | 2018-02-26 20:21:12 | 12218  |
+--------------+-------+---------------------+--------+
Query OK,Totally:5 lines (0.06 sec)
```

可以发现，对 catchinfo 表的查询，在主节点、从节点的查询结果是一样的，也就是说，主节点和从节点分别存储了一张完全相同的 catchinfo 表。

如果用户在主节点上插入了一条新数据，那么从节点上也会插入该新数据，如下所示：

```
hcloud>set master.
Query OK, 0 rows Affected (0.02247 sec)
hcloud>insert into catchinfo(hphm,hpys,gcsj,kdbh) values('粤B88888', 12303,
'2018-03-05 12:00:21', '12301').
Query OK, 1 rows Affected (0.02324 sec)
hcloud> select hphm,hpys,gcsj,kdbh from catchinfo where hphm='粤B88888'.
+-----------+-------+---------------------+-------+
| hphm      | hpys  | gcsj                | kdbh  |
+-----------+-------+---------------------+-------+
| 粤B88888  | 12303 | 2018-03-05 12:00:21 | 12301 |
+-----------+-------+---------------------+-------+
Query OK,Totally:1 lines (0.00833 sec)
hcloud>set slave.
Query OK, 0 rows Affected (0.01996 sec)
hcloud> select hphm,hpys,gcsj,kdbh from catchinfo where hphm='粤B88888'.
+-----------+-------+---------------------+-------+
| hphm      | hpys  | gcsj                | kdbh  |
+-----------+-------+---------------------+-------+
| 粤B88888  | 12303 | 2018-03-05 12:00:21 | 12301 |
+-----------+-------+---------------------+-------+
Query OK,Totally:1 lines (0.00921 sec)
```

同样，如果用户在从节点上插入了一条新数据，那么主节点也会插入该新数据，如下所示：

```
hcloud>set slave.
Query OK, 0 rows Affected (0.00061 sec)
hcloud>insert into catchinfo(hphm,hpys,gcsj,kdbh) values('粤A66666', 12303,
'2018-03-05 12:00:21', '12301').
Query OK, 1 rows Affected (0.00855 sec)
hcloud>select hphm,hpys,gcsj,kdbh from catchinfo where hphm='粤A66666'.
+-----------+-------+---------------------+-------+
| hphm      | hpys  | gcsj                | kdbh  |
+-----------+-------+---------------------+-------+
| 粤A66666  | 12303 | 2018-03-05 12:00:21 | 12301 |
+-----------+-------+---------------------+-------+
Query OK,Totally:1 lines (0.01004 sec)
hcloud>set master.
Query OK, 0 rows Affected (0.02375 sec)
hcloud>select hphm,hpys,gcsj,kdbh from catchinfo where hphm='粤A66666'.
+-----------+-------+---------------------+-------+
| hphm      | hpys  | gcsj                | kdbh  |
+-----------+-------+---------------------+-------+
| 粤A66666  | 12303 | 2018-03-05 12:00:21 | 12301 |
+-----------+-------+---------------------+-------+
```

5.1.2　数据实时备份原理

SCSDB 的主节点和从节点间的数据实时备份是通过读取日志信息实现的，其基本过程如图 5-2 所示。

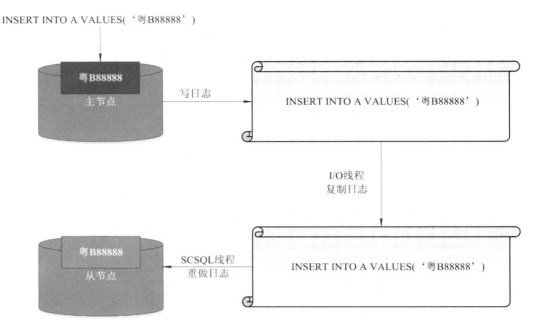

图 5-2　SCSDB 数据备份原理图

(1) 主节点执行 INSERT 语句，插入新数据"粤 B88888"；同时，主节点将 INSERT 语句写入日志文件。

(2) 从节点的 I/O 线程，读取主节点的日志，并复制到本地的中继日志文件中。

(3) 从节点的 SCSQL 线程，从本地的中继日志文件中读取 SCSQL 语句，并在从节点上执行 SCSQL 语句，故而也插入了新数据"粤 B88888"，从而实现了数据由主节点到从节点的实时备份。

主节点和从节点的数据是实时双向备份的。如果在从节点插入了一条新数据"粤 A66666"，该新数据"粤 A66666"也会插入到主节点，过程如下：

(1) 从节点执行 INSERT 语句，插入新数据"粤 A66666"；同时，从节点将 INSERT 语句写入日志文件。

(2) 主节点的 I/O 线程，读取从节点的日志，并复制到本地的中继日志文件中。

(3) 主节点的 SCSQL 线程，从本地的中继日志文件中读取 SCSQL 语句，并在主节点上执行 SCSQL 语句，故而也插入了新数据"粤 A66666"，从而实现了数据由从节点到主节点的实时备份。

5.2　SCSDB 冷备份

冷备份，也被称为离线备份，是指在数据库关闭的情况下进行数据库的完整备份。SCSDB 冷备份就是在 SCSDB 关闭时复制、压缩数据库相关文件(包括表结构定义文件、数据文件、索引文件、数据库系统文件等)，以达到对数据库备份的目的。

在实际生产环境中，机器故障或人为操作失误等各种因素都有可能造成数据损坏或数据库服务瘫痪，这个时候就需要利用冷备份数据把数据库还原到故障前的某个时间点状态。

　　SCSDB 冷备份工具是专门用于对 SCSDB 数据库以及数据表进行冷备份的工具，它既可以定期地对 SCSDB 数据库以及数据表进行冷备份，也可以利用冷备份数据恢复 SCSDB 数据库以及数据表。SCSDB 冷备份工具以数据表为单位进行备份。备份方式有以下三种：

　　(1) 快速备份，把需要备份的数据库的所有主节点的冷备份数据自动压缩打包，并且保存到该节点所对应的从节点的数据目录上。

　　该备份方式的特点是能很好利用集群中各个节点的 I/O 性能，把备份数据分发到集群各个从节点机器上，也不需要操作者为管理冷备份数据而操心。但显而易见的，这种方式会造成集群上磁盘数据冗余，若数据量大的情况下，该方式需要慎用。

　　(2) 异地备份，把需要备份的数据库的所有主节点的冷备份数据自动压缩打包后，保存到指定的服务器上的指定目录下，与前文所说的方式的区别是需要指定 file_dir 配置项，用于指明保存冷备份数据的服务器的地址以及路径。

　　该方式能够实现冷备份数据异地保存，把数据保存在脱离集群的机器上，当集群出现故障时，可以远程对数据库进行数据恢复，也不会占用集群机器上的磁盘空间。同样的，这种方式缺点也很明显，比较依赖网络带宽，以及目标机器，也就是冷备份数据保存机器的磁盘 I/O 性能。

　　(3) 自定义备份，相比异地备份，可以指定每个主节点的冷备份文件存储在哪个地方。

　　该方式是最为灵活的也是需要小心配置的，可以任意指定每一个主节点的冷备份数据，保存到任意机器的任意路径下，可以更为灵活地根据需求配置目标机器以及路径，也能依此更为合理地利用网络带宽以及各个机器的磁盘 I/O 性能。

5.2.1　备份与恢复工具使用及参数说明

　　SCSDB 冷备份工具一般会随着 SCSDB 数据库集群安装时所安装，所以这里假定该工具已经正确安装在部署了管理服务器的机器上并且能正确使用。

　　工具的运行方式如下：

```
scsdb_cold_backup -u user -p passwd -h host -t [backup|recover] [-f]
```

说明：

- -u user 为 SCSDB 的登录用户名
- -p passwd 为 SCSDB 对应用户名的登录密码
- -h host 为 SCSDB 服务器的 IP 地址
- -t [backup | recover]为选择本次运行是需要制作冷备份还是冷备份恢复功能
- -f 表示在前台执行该软件，默认以守护进程形式执行

　　其中，工具在运行的时候会自动读取/etc/scs/scsdb_cold_backup.conf 作为运行的配置文件，并且会在/var/scs/logs/scsdb_cold_backup/下生成日记文件并记录运行结果。

5.2.2　备份与恢复工具配置文件介绍

　　前面说过，冷备份工具在运行时会自动读取 scsdb_cold_backup.conf 作为其配置文件。

配置文件编写如下：

```
#本文件是 SCSDB 冷备份子系统的配置文件
[global]
#需要进行冷备份的数据库数量
cold_backup_db_num=1


#一个要备份的数据库的配置选项，注意从 1 开始，后续递增
[db1]
#进行冷备份的数据库名
db_name=hcloud
#当前主机临时存放数据库文件的目录
local_dir=/home/scs/coldbackupdir/
#需要备份的数据表，为空则表示备份当前库的所有数据表
#所有的表名写在同一行，多个用逗号,隔开
table_name=
#第一次冷备份的时间
start_time=2017-07-27 09:25:00
#冷备份周期(单位：天)
#如一天备份一次
interval_time=1


file_dir_type=0
file_dir=


# 需要恢复的数据库，可以有多个，用逗号隔开
[recover]
db_tag=db1
```

针对快速备份、异地备份以及自定义备份配置项 file_dir_type 与 file_dir 的值请参照下列方式进行配置。

1. 快速备份

file_dir_type 为 0，file_dir 为空。如下所示：

```
file_dir_type=0
file_dir=
```

2. 异地备份

file_dir_type 为 1，file_dir 设置为备份数据存储路径。如下所示：

```
file_dir_type=1
file_dir=192.168.0.91:/home/scs/coldbackupdir_all/
```

3．自定义备份

file_dir_type 为 2，file_dir 设置为备份数据存储路径，且首行与末尾行的配置值都必须为一个单引号。配置如下所示：

```
file_dir_type=2
file_dir='
192.168.0.91:2000-192.168.0.91:/home/scs/coldbackupdir_diy/91_2000
192.168.0.91:2001-192.168.0.91:/home/scs/coldbackupdir_diy/91_2001
192.168.0.92:2000-192.168.0.91:/home/scs/coldbackupdir_diy/92_2000
192.168.0.92:2001-192.168.0.91:/home/scs/coldbackupdir_diy/92_2001
192.168.0.93:2000-192.168.0.91:/home/scs/coldbackupdir_diy/93_2000
192.168.0.93:2001-192.168.0.91:/home/scs/coldbackupdir_diy/93_2001
192.168.0.94:2000-192.168.0.91:/home/scs/coldbackupdir_diy/94_2000
192.168.0.94:2001-192.168.0.91:/home/scs/coldbackupdir_diy/94_2001
'
```

如上所示，每个主节点单独配置，一行配置一个主节点。横线"-"左边表示主节点，右边表示该主节点的冷备份数据的存储主机和存储路径。"192.168.0.91:2000-192.168.0.91:/home/scs/coldbackupdir_diy/91_2000"表示将主节点 192.168.0.91:2000 的冷备份数据存储到 192.168.0.91 服务器的/home/scs/coldbackupdir_diy/91_2000 目录下。

5.2.3　使用冷备份工具备份数据

首先得为每个节点创建冷备份临时文件目录，即 local_dir 所配置的目录，若已存在可以跳过此步骤，可以使用 scmt 工具快捷地在多台服务器上创建目录(scmt 工具的详细介绍请查看第九章的"集群管理工具"一节)，系例如下：

```
# scmt 'mkdir -p /home/scs/coldbackupdir/' 192.168.0.91 192.168.0.94
/etc/scs/addr.conf
read /etc/scs/addr.conf ...
the addr count is [4]
start check first IP an last IP...
the node in  [0 ~ 3]
start excute the cmds.
[192.168.0.91] -> /home/scs/coldbackupdir/'
[192.168.0.92] -> /home/scs/coldbackupdir/'
[192.168.0.93] -> /home/scs/coldbackupdir/'
[192.168.0.94] -> /home/scs/coldbackupdir/'
shell over !
```

运行 scsdb_cold_backup 工具，开始进行数据备份。这里加上了-f 参数让工具在终端运行，这样可以在终端看到工具的运行状态，示例如下：

```
# scsdb_cold_backup -u SCS -p123456 -h 192.168.0.91 -t backup -f
```

```
waiting cold back up .....
Redirecting to /bin/systemctl stop scsdb2man.service
Redirecting to /bin/systemctl start scsdb2man.service
```

此时可再在另一个终端查看其日记文件，示例如下：

```
# tail -f /var/scs/logs/scsdb_cold_backup/scsdb_cold_backup.log
...
[hcloud_20170727] 07/27/2017 09:25:42 INFO - Waiting for the next
```

若出现了如上所示的字样，则表明冷备份制作成功，可以进入到各从节点的数据存储目录查看其是否存在冷备份文件。

5.2.4 使用冷备份工具恢复数据

当机器出现故障或人为误操作等造成数据丢失或数据库服务故障时，就需要使用冷备份文件对数据库进行恢复操作。

在这里需要用到配置文件的[recover]域信息。[recover]的配置项 db_tag 指明了需要进行恢复的数据库。在上一节[db1]域下配置了备份 hcloud 库的相关配置信息，现在需要恢复 hcloud 库，那么可以将这个配置文件的[recover]域的 db_tag 设置为 db1。

当不小心将 hcloud 库删除了，过后又想再次使用该数据库时，该数据库已经无法访问了。

```
scsdb>drop database hcloud.
Query OK, 0 rows Affected (0.01927 sec)
scsdb>use hcloud.
Error (-5007):Unkown database 'hcloud'
0 rows Affected (0.00113 sec)
```

在上一节中已经备份了 hcloud 库，此时就可以使用冷备份工具将 hcloud 库还原到当时的状态。

运行冷备份工具恢复 hcloud 库(配置文件和前文介绍的示例一样，只不过这里冷备份工具启动时-t 选项的参数由 backup 改为了 recover)，示例如下：

```
# scsdb_cold_backup -u SCS -p123456 -h 192.168.0.91 -t recover -f
Recovering....
Redirecting to /bin/systemctl stop scsdb2man.service
Redirecting to /bin/systemctl start scsdb2man.service
```

当恢复完毕后查看日记文件，会看到如下输出信息，则说明冷备份还原成功：

```
# tail -f /var/scs/logs/scsdb_cold_backup/scsdb_cold_backup.log
...
[] 07/27/2017 09:40:33 INFO - start scsdb2man success
[] 07/27/2017 09:40:33 INFO - Recover finish
```

此时再登录 SCSDB 查看数据库，可以看到 hcloud 库已经恢复，如下所示。

```
scsdb>show databases.
```

```
+------------------+
|Database          |
+------------------+
|hcloud            |
+------------------+
|scsdbdn           |
+------------------+
```

本 章 小 结

　　数据备份可以保证数据不因人为操作失误或其他地质灾难、火灾等不可控因素而导致数据丢失，这在任何时候都是数据库运维操作中的重要一环。天云星数据库(SCSDB)默认开启了数据实时备份功能，数据在集群中至少存储两份以上，当一台机器出现故障时，数据也不会丢失。数据库运维人员还可以使用 SCSDB 提供的冷备份工具，定期对 SCSDB 数据库进行冷备份，提供更高的数据安全性，保证机房发生火灾等严重灾难时，能够快速将数据恢复到最近备份的状态。

第6章 数据库监控与调优

当数据量小时，应用开发人员只需要关心查询语句的功能实现，不需要关心性能问题。但当面对公安交通大数据时，性能问题往往是应用项目成败的关键。因此，通过提升服务器硬件资源利用率、合理地进行数据存储、编写高效的查询语句等手段进行数据库系统调优，提升系统响应性能，不失为一种行之有效的办法。

6.1 系 统 监 控

SCSDB 是搭建在 Linux 系统之上的，在介绍 SCSDB 监控工具之前，我们先回顾一下常用 Linux 的监控命令。

1) top 命令

top 命令是 Linux 下常用的性能分析工具，显示所有正在运行并处于活动状态的实时进程，而且会定期更新显示结果。它显示了 CPU 使用率、内存使用率、交换内存使用大小、缓冲区使用大小、进程 PID、使用的命令等信息。该命令还可以按 CPU 使用、内存使用和执行时间对任务进行排序。

(1) top 命令常用选项如下：

-d ：指定信息刷新的时间间隔，默认是 1.5 秒。

-p：指定监控进程 ID。

-i：不显示任何闲置或者僵死进程。

-c：显示整个命令行而不只是显示命令名。

(2) 常用交互命令如下：

h/?：显示帮助画面，给出一些简短的命令总结说明。

K：终止一个进程。

i：忽略闲置和僵死进程，这是一个开关式命令。

c：切换显示命令名称和完整命令行。

q：退出程序。

M：根据驻留内存大小进行排序。

T：根据时间/累计时间进行排序。

P：根据 CPU 使用百分比大小进行排序。

★ 使用示例：

```
# top
top - 10:53:36 up 13 days,  2:10,  5 users,  load average: 0.00, 0.03, 0.05
Tasks: 218 total,   1 running, 217 sleeping,   0 stopped,   0 zombie
%Cpu(s): 0.0 us,  0.3 sy,  0.0 ni, 99.7 id,  0.0 wa,  0.0 hi, 0.0 si, 0.0 st
KiB Mem : 16235600 total, 12811868 free,  1287356 used,  2136376 buff/cache
KiB Swap: 33554428 total, 33554428 free,        0 used. 14536780 avail Mem

  PID USER      PR  NI   VIRT    RES    SHR  S  %CPU %MEM    TIME+ COMMAND
 6226 root      20   0 146164   2176   1436  R   0.7  0.0  0:02.32 top
31383 root      20   0 207324   3028   2356  S   0.7  0.0  0:02.58 scsdb2
   13 root      20   0      0      0      0  S   0.3  0.0 12:11.63 rcu_sched
   15 root      20   0      0      0      0  S   0.3  0.0  4:07.40 rcuos/1
   17 root      20   0      0      0      0  S   0.3  0.0  7:48.62 rcuos/3
19846 root      20   0 207456   3028   2356  S   0.3  0.0  0:11.36 scsdb2
29093 root      20   0 207324   3028   2356  S   0.3  0.0  0:18.67 scsdb2
31385 root      20   0 1080784  7620   4752  S   0.3  0.0  0:00.30 scsdb2server
    1 root      20   0 197924  13236   2632  S   0.0  0.1  3:35.56 systemd
```

输出结果第一行是任务队列信息，同 uptime 命令的执行结果。第二、三行为进程和 CPU 的信息，当有多个 CPU 时，这些内容可能会超过两行。第四、五行为内存信息。空白行之后的就是各个进程占用系统资源的详细信息。

2）free 命令

free 命令可以显示 Linux 系统中空闲的、已用的 Mem 物理内存、SWAP 交换分区内存，以及被内核使用的 buffer。相对于 top 命令而言，free 命令提供了更简洁的显示结果。

★ 使用示例：

```
# free
              total       used       free     shared  buff/cache   available
Mem:       16235600    1299920   13580156      17856     1355524    14643552
Swap:      33554428          0   33554428
```

第二行 Mem 是物理内存。

第三行 Swap 是交换分区 SWAP。

total 表示总计大小。

used 表示已使用内存大小。

free 表示可用内存大小。

free 命令常用选项如下：

-g：以 GB 为单位显示内存信息。

-m：以 MB 为单位显示内存信息。

-k：以 KB 为单位显示内存信息，也是默认计数方式。

-t：按照总和的形式显示内存的使用信息。

-s：指定命令执行的时间间隔，单位为秒。

-c：指定命令执行次数。

-h：人性化的输出形式，带计数单位。

3) netstat 命令

netstat 命令可用于列出系统上所有的网络套接字连接情况，包括 tcp、udp 以及 unix 套接字，另外它还能列出处于监听状态(即等待接入请求)的套接字。

(1) netstat 命令常用选项如下：

-a (all)：显示所有选项，默认不显示 LISTEN 相关选项。

-t (tcp)：仅显示 tcp 相关选项。

-u (udp)：仅显示 udp 相关选项。

-n：拒绝显示别名，能显示数字的全部转化成数字。

-l：仅列出在 Listen (监听)的服务状态。

-p：显示建立相关链接的程序名。

-r：显示路由信息，路由表。

-e：显示扩展信息，例如 uid 等。

-s：按各个协议进行统计。

-c：每隔一个固定时间，执行该 netstat 命令。

(2) 常用命令形式：

列出所有端口：netstat-a。

列出所有 tcp 端口：netstat-at。

列出所有 udp 端口：netstat-au。

只列出所有监听 tcp 端口：netstat -lt。

★ 使用示例：

```
# netstat -a
Active Internet connections (servers and established)
Proto Recv-Q Send-Q Local Address        Foreign Address        State
tcp      0      0 0.0.0.0:sieve-filter 0.0.0.0:*              LISTEN
tcp      0      0 0.0.0.0:dc           0.0.0.0:*              LISTEN
tcp      0      0 0.0.0.0:globe        0.0.0.0:*              LISTEN
tcp      0      0 0.0.0.0:cfinger      0.0.0.0:*              LISTEN
tcp      0      0 0.0.0.0:rtcm-sc104   0.0.0.0:*              LISTEN
tcp      0      0 192.168.122.1:domain 0.0.0.0:*              LISTEN
```

4) ps 命令

ps 命令能够给出当前系统中进程的快照，它能捕获系统在某一时间的进程状态。

(1) ps 命令常用选项如下:

-A: 列出所有的进程, 等同于-e。

-p: 指定进程 ID, 等同于-p 和--pid。

-u: 选择有效的用户 id 或者是用户名。

-w: 显示加宽可以显示较多的资讯。

-x: 显示没有控制终端的进程, 同时显示各个命令的具体路径。

-m: 显示所有的线程。

(2) ps 常用命令形式:

显示较详细的资讯: ps-au。

显示所有包含其他使用者的行程: ps-aux。

显示所有线程信息: ps axms。

★ 使用示例:

```
# ps aux
USER        PID %CPU %MEM    VSZ     RSS TTY   STAT START    TIME COMMAND
root          1 0.0 0.0   192672   7944 ?     Ss  Jul19    0:46
/usr/lib/systemd/systemd --switched-root --system --deserialize 21
root          2 0.0 0.0        0      0 ?     S   Jul19    0:00 [kthreadd]
root          3 0.0 0.0        0      0 ?     S   Jul19    0:02 [ksoftirqd/0]
root          5 0.0 0.0        0      0 ?     S   Jul19    0:00 [kworker/0:0H]
root          7 0.0 0.0        0      0 ?     S   Jul19    0:00 [migration/0]
root          8 0.0 0.0        0      0 ?     S   Jul19    0:00 [rcu_bh]
root          9 0.0 0.0        0      0 ?     S   Jul19    0:00 [rcuob/0]
root         10 0.0 0.0        0      0 ?     S   Jul19    0:00 [rcuob/1]
root         11 0.0 0.0        0      0 ?     S   Jul19    0:00 [rcuob/2]
root         12 0.0 0.0        0      0 ?     S   Jul19    0:00 [rcuob/3]
root         13 0.0 0.0        0      0 ?     R   Jul19    0:53 [rcu_sched]
root         14 0.0 0.0        0      0 ?     S   Jul19    0:22 [rcuos/0]
root         15 0.0 0.0        0      0 ?     S   Jul19    0:22 [rcuos/1]
```

(3) 重要参数解释说明:

USER: 进程拥有者。

PID: 进程 ID。

%CPU: 占用的 CPU 使用率。

%MEM: 占用的记忆体使用率。

STAT: 该进程的状态, 包括如下四种:

D: 不可中断的静止

R: 正在执行中

S: 静止状态

T：暂停执行

START：行程开始时间。

TIME：执行的时间。

COMMAND：所执行的指令。

比如，查询 scsdb2server 服务是否开启，命令代码如下：

```
# ps aux | grep scsdb2server
root      5115  0.0  0.0 225240  2192 ?       Ssl  17:45  0:00
/usr/bin/scsdb2server
root     16897  0.0  0.1 890944 24980 ?       Sl   17:55  0:01
/usr/bin/scsdb2server
root     19905  0.0  0.0 112664   968 pts/6   S+   18:24  0:00 grep
--color=auto scsdb2server
```

从上述语句可以看出，有 2 个 scsdb2server 进程。

5）iostat 命令

iostat 命令主要用于监控系统设备的 IO 负载情况，iostat 首次运行时显示自系统启动开始的各项统计信息，之后运行 iostat 将显示自上次运行该命令以后的统计信息。用户可以通过指定统计的次数和时间来获得所需的统计信息。

(1) iostat 命令常见选项如下：

-c：显示 cpu 使用状态。

-d ：显示设备(磁盘)使用状态。

-k：结果使用 KB 为单位。

-m：结果使用 MB 为单位。

-x：显示详细信息。

-h：人性化方式显示。

(2) iostat 常用命令形式：

查看 TPS 和吞吐量信息(磁盘读写速度单位为 KB)：iostat -d -k。

以人性化方式显示磁盘状态，运行两次，间隔 1 秒：iostat -h -d 1 2。

6.2　数据库监控

6.2.1　查看会话连接状态

SCSDB 提供了查看当前会话连接状态的命令，使用该命令可查看当前会话连接的状态信息。

语法如下：

```
SHOW CONNECTION STATUS
```

输出各列含义如表 6-1 所示。

表 6-1　查看会话连接状态的输出列含义

列　名	意　义
Name	用户名
DB	当前选择的数据库，如果没有选择任何数据库，该列无任何输出
Master	当前会话连接使用的是主节点(Master)还是从节点(Slave)
Backup	当前会话连接是否开启了备份，True 表示开启了，False 表示没有开启
SqlMode	当前会话连接的 SQL 模式，CONST 表示一致性；HA 表示高可用

运行结果如下：

```
scsdb>show connection status.
+-------------+---------------+---------------+---------------+
|Name         |DB             |Master         |Backup         |
+             +               +               +               +
|SqlMode      |               |
+-------------+---------------+---------------+---------------+
|SCS          |scsdbdn        |Master         |True           |
+             +               +               +               +
|HA           |               |
+-------------+---------------+---------------+---------------+
Query OK,Totally:1 lines (0.00118 sec)
```

从输出结果可以看出：当前会话连接的用户是 SCS，选择的当前库是 scsdbdn，使用的是主节点，并且开启了备份，SqlMode 是高可用模式。

6.2.2　查看集群信息

SCSDB 提供了查看集群信息的命令。该命令可以查看管理服务器、序列号服务器、数据节点服务器、数据调度服务器的分布情况，还可以查看主从节点的对应关系。

语法如下：

```
SHOW CLUSTER INFO
    [FOR {SCSDB2MAN | SCSDB2SN | SCSDBDN | SCSDB2SQLNODE} ]
```

参数说明：

(1) 没有 FOR 子句时，查看的是整个集群的所有子系统的拓扑信息。

(2) 带 FOR 子句时，查看指定子系统的拓扑信息。SCSDB2MAN 选项查看管理服务器信息；SCSDB2SN 选项查看序列号服务器信息；SCSDBDN 选项查看数据节点服务器信息；SCSDB2SQLNODE 选项查看数据调度服务器信息。

输出各列含义如表 6-2 所示。

表 6-2　查看集群信息属性表

属　性	意　义
Type	服务类型，包括scsdb2man：管理服务；scsdb2sn：序列号服务；scsdbdn：数据节点服务；scsdb2sqlnode：数据调度服务
Master Node	主节点
Slave Node/DBDN Node	从节点或者数据节点；Type是scsdb2sqlnode时，该列表示数据节点服务

查询集群信息结果如下：

```
scsdb>show cluster info.
+----------------+-----------------+---------------------+
|Type            |Master Node      |Slave Node/DBDN No   |
|                |                 |de                   |
+----------------+-----------------+---------------------+
|scsdb2man       |192.168.0.91:2182|                     |
+----------------+-----------------+---------------------+
|scsdb2sn        |192.168.0.91:2181|                     |
+----------------+-----------------+---------------------+
|scsdbdn         |192.168.0.91:2000|192.168.0.92:2002    |
+----------------+-----------------+---------------------+
|scsdbdn         |192.168.0.91:2001|192.168.0.92:2003    |
+----------------+-----------------+---------------------+
...
+----------------+-----------------+---------------------+
|scsdb2sqlnode   |192.168.0.91:2183|192.168.0.91:2000,   |
|                |                 |192.168.0.91:2001,   |
|                |                 |192.168.0.91:2002,   |
|                |                 |192.168.0.91:2003    |
+----------------+-----------------+---------------------+
|scsdb2sqlnode   |192.168.0.92:2183|192.168.0.92:2002,   |
|                |                 |192.168.0.92:2003,   |
|                |                 |192.168.0.92:2000,   |
|                |                 |192.168.0.92:2001    |
+----------------+-----------------+---------------------+
...
Query OK,Totally:14 lines (0.00194 sec)
```

6.2.3　集群任务监控

1．查看集群任务

SCSDB 提供了 SHOW TASKS 命令来查询集群正在执行的任务。

语法如下：

```
SHOW TASKS [LIKE 'pattern']
```

查看集群任务并不是查看集群正在执行的所有任务，而是查询执行时间超过当前会话查询阈值的任务。默认查询阈值是 60 秒，用户可以通过 SET SLOW_QUERY_TIME 命令设置会话阈值。

参数说明：

有 like 子句查询的是 sql 语句符合 like 子句的任务；没有 like 子句查询的是所有任务。

命令输出如表 6-3 所示。

表 6-3　查看任务属性表

属　　性	意　　　义
ID	任务 ID
client_session	客户端会话连接信息
start_time	开始时间
time	已运行时间(单位秒)
user	用户
db	当前库
sql	执行的 SCSQL 语句

查看集群任务如下：

```
scsdb>show tasks.

+---------------+---------------+-------------+---------------+
|ID             |client_session |start_time   |time           |
+               +               +             +               +
|user           |db             |sql          |               |
+---------------+---------------+-------------+---------------+
|1388234624650657746|127.0.0.1:41712|2017-08-02 10:08:1|60       |
|21             |               |7            |               |
+               +               +             +               +
|SCS            |hcloud         |select * from stud          |
|               |               |ent where sleep(20          |
|               |               |0)=0                        |
```

```
+---------------+---------------+---------------+---------------+
Query OK,Totally:1 lines (0.01919 sec)
```

结果显示执行超时(超过查询阈值)的任务。

2．杀死集群任务

SCSDB 提供了 KILL 命令来杀死集群任务，其语法如下：

```
KILL [TASKS] task_id
```

参数说明：

(1) TASKS 是可选关键字。

(2) task_id 为 SHOW TASKS/SELECT CONNECTION_ID()命令看到的 ID。

★ 用法示例：

```
scsdb>kill 13882346246506574621.
Query OK, 0 rows Affected (0.61670 sec)
```

然后重新查看任务确认 kill 是否生效，结果如下：

```
scsdb>show tasks.
Empty result

+---------------+---------------+---------------+---------------+
|ID             |client_session |start_time     |time           |
+               +               +               +               +
|user           |db             |sql            |               |
+---------------+---------------+---------------+---------------+
Query OK,Totally:0 lines (0.02393 sec)
```

结果集为空，说明杀死任务成功。

6.2.4 数据节点任务监控

1．查看数据节点任务

SCSDB 提供了查询整个集群所有数据节点任务的命令 SHOW PROCESSLIST。该命令可以查看各个数据节点正在运行的任务的详细信息。其语法如下：

```
SHOW [FULL] PROCESSLIST [LIKE 'pattern']
```

参数说明：

(1) 如果没有 full 选项,输出结果的 info 字段只显示前 100 个字符;如果有 full 选项 info 字段会全部输出。

(2) 如果没有 like 子句，该命令输出子节点的所有任务；如果有 like 子句，只会输出 info 字段满足 like 子句的记录。

输出各列含义如表 6-4 所示。

表 6-4　查看子节点任务属性表

属性	意　义
host	数据节点的 IP 地址
port	数据节点的端口
client_host	发出 SCSQL 语句的 IP 地址
client_port	发出 SCSQL 语句的端口
id	连接标识符
user	执行 SCSQL 的数据库用户
user_host	执行 SCSQL 的 IP 和端口
db	当前库，如果未选择库则为 NULL
command	SCSQL 命令类型
time	当前 SCSQL 线程保持当前状态的时间
state	该线程状态
info	当前线程执行的 SCSQL 语句，如果没有执行任何 SCSQL 语句则为 NULL

查看数据节点任务，示例如下：

```
scsdb>show processlist.
+--------------+--------------+----------------+----------------+
|host          |port          |client_host     |client_port     |
+              +              +                +                +
|id            |user          |user_host       |db              |
+              +              +                +                +
|command       |time          |state           |info            |
+--------------+--------------+----------------+----------------+
|192.168.0.92  |2000          |NULL            |NULL            |
+              +              +                +                +
|2             |system user   |                |NULL            |
+              +              +                +                +
|Connect       |791           |Has read all relay|NULL          |
|              |              | log; waiting for |              |
|              |              |the slave I/O thre|              |
|              |              |ad to upda      |              |
+--------------+--------------+----------------+----------------+
...
```

从结果可以看出每个节点正在运行的任务以及运行状态等信息。

查询节点执行指定 SCSQL 语句的任务的示例如下：

```
scsdb>show processlist like 'select * from student where sleep(200)=0'.
+--------------+--------------+--------------+--------------+
|host          |port          |client_host   |client_port   |
```

```
+--------------+---------------+----------------+------------------+
|id            |user           |user_host       |db                |
+--------------+---------------+----------------+------------------+
|command       |time           |state           |info              |
+--------------+---------------+----------------+------------------+
|192.168.0.91  |2000           |NULL            |NULL              |
+--------------+---------------+----------------+------------------+
|589442        |SCS            |192.168.0.91:54848|hcloud          |
+--------------+---------------+----------------+------------------+
|Query         |2              |User sleep      |select * from stud|
|              |               |                |ent where sleep(20|
|              |               |                |0)=0              |
+--------------+---------------+----------------+------------------+
Query OK,Totally:1 lines (0.01657 sec)
```

可以看出在 192.168.0.91:2000 节点执行的任务被查询出来。

2. 杀死数据节点任务

SCSDB 提供了 KILL LIKE 命令来杀死数据节点任务。其语法如下：

```
KILL LIKE 'pattern'
```

该命令用来杀死 info 列匹配 pattern 的数据节点任务。

★ 用法示例：

```
hcloud>kill like 'select * from student where sleep(200)=0'.
Query OK, 0 rows Affected (0.01622 sec)

hcloud>show processlist like
    ->'select * from student where sleep(200)=0'.
Empty result
```

```
+--------------+---------------+----------------+--------------+
|host          |port           |client_host     |client_port   |
+--------------+---------------+----------------+--------------+
|id            |user           |user_host       |db            |
+--------------+---------------+----------------+--------------+
|command       |time           |state           |info          |
+--------------+---------------+----------------+--------------+
Query OK,Totally:0 lines (0.01729 sec)
```

杀死节点任务后，重新执行查看数据节点任务的命令，发现结果集为空，说明杀死任务成功。

6.2.5　查看数据均衡状况

SCSDB 中每一个表的数据都分布在多个数据节点上。用户可以使用 SHOW TABLE

STATUS 命令查看数据在各个节点的分布状况。其语法如下：

```
SHOW TABLE [FULL] STATUS [LIKE 'pattern' | WHERE expr]
```

参数说明：

(1) 不带任何选项时，可以查看当前库所有表的数据总量等信息。

(2) 有 FULL 关键字时，可以查看当前库各个表在各个节点的分布情况，包括每个表的统计信息，以及当前库所有表的统计信息，并按 Name、Rows 两列升序输出；没有 FULL 关键字时按照 Name 列升序输出。

(3) 如果需要查看特定表的信息，可以用 LIKE 子句和 WHERE 子句进行筛选。

输出各列含义如表 6-5 所示。

表 6-5　查看表状态属性

属　　性	意　　义
Host	数据节点的 IP 地址，有 FULL 选项时输出本列
Port	数据节点的端口号，有 FULL 选项时输出本列
Name	表名
Engine	数据库引擎
Rows	行数
Avg_row_length	每行数据的平均长度
Data_length	表数据总长
Index_length	索引长度
Auto_increment	自增字段
Create_time	表创建时间
Update_time	表更新时间
Check_time	表上次检查的时间
Collation	表的字符集
Create_options	创建表时的额外选项
Checksum	实时校验和
Comment	创建表时的注释

查看该数据库内所有表的简略信息，示例如下：

```
hcloud>show table status.
+--------------+--------------+----------------+------------------+
|Name          |Engine        |Rows            |Avg_row_length    |
+              +              +                +                  +
|Data_length   |Index_length  |Auto_increment  |Create_time       |
+              +              +                +                  +
|Update_time   |Check_time    |Collation       |Create_options    |
+              +              +                +                  +
|Checksum      |Comment       |                |
+--------------+--------------+----------------+------------------+
```

```
|course         |SCSEng         |8             |34               |
+               +               +              +                 +
|276            |14336          |              |2017-08-01 09:44:1|
|               |               |              |4                |
+               +               +              +                 +
|2017-08-01 09:45:3|            |              |                 |
|7              |               |              |                 |
+               +               +              +                 +
+---------------+---------------+--------------+-----------------+
|course_view    |SCSEng         |0             |0                |
+               +               +              +                 +
|0              |0              |              |NULL             |
+               +               +              +                 +
|NULL           |               |              |                 |
+               +               +              +                 +
+---------------+---------------+--------------+-----------------+
...
```

查看单个表在各个节点的分布情况(数据节点太多，只打印一个节点输出结果，一个单表的统计结果，一个全表的统计结果)：

```
hcloud>show table full status like 'catchinfo'.
+---------------+---------------+--------------+-----------------+
|Host           |Port           |Name          |Engine           |
+               +               +              +                 +
|Version        |Row_format     |Rows          |Avg_row_length   |
+               +               +              +                 +
|Data_length    |Max_data_length|Index_length  |Data_free        |
+               +               +              +                 +
|Auto_increment |Create_time    |Update_time   |Check_time       |
+               +               +              +                 +
|Collation      |Checksum       |Create_options|Comment          |
+---------------+---------------+--------------+-----------------+
...
+---------------+---------------+--------------+-----------------+
|192.168.0.94   |2001           |catchinfo     |SCSEng           |
+               +               +              +                 +
|10             |Dynamic        |996           |136              |
+               +               +              +                 +
|136104         |0              |113664        |0                |
+               +               +              +                 +
```

	NULL		2018-02-28 10:05:4	2018-02-28 10:07:4	NULL
			4		6	
|utf8_bin	|NULL	|partitioned	|号牌识别信息表
|192.168.0.93	|2001	|catchinfo	|SCSEng
|10	|Dynamic	|1106	|136
	151152		0		123904		0
	NULL		2018-02-28 10:05:4	2018-02-28 10:07:4	NULL
			4		8	
|utf8_bin	|NULL	|partitioned	|号牌识别信息表
|192.168.0.93	|2000	|catchinfo	|SCSEng
|10	|Dynamic	|2285	|136
	312444		0		200704		0
	NULL		2018-02-28 10:05:4	2018-02-28 10:07:4	NULL
			4		8	
|utf8_bin	|NULL	|partitioned	|号牌识别信息表

...

前面是表在各个节点的数据分布情况。其中倒数第二行是单个表的统计信息，最后一行是所有表的统计信息。由于 like 子句的限制，只显示了 student 这一个表的信息，所以这两行数据是一致的，都是 student 表的统计信息。

6.2.6　慢查询 SCSQL 监控

为了使用户能够更好地了解数据库性能，及对相关 SCSQL 进行调优，SCSDB 提供了慢查询监控功能，用来监控、记录执行时间比较长的 SCSQL 语句。用来记录慢查询 SCSQL

语句的表是 scsdbdn 库的 slow_query_tbl 表，该表会记录慢查询 SCSQL 的开始时间、结束时间、执行耗时、执行用户、用户 IP 等信息。

```
scsdbdn>show create table slow_query_tbl\G.
****************Row 1****************
Table: slow_query_tbl
Create Table: CREATE TABLE 'slow_query_tbl' (
  'id' bigint(20) NOT NULL AUTO_INCREMENT COMMENT '序号',
  'user' varchar(20) COLLATE utf8_bin DEFAULT NULL COMMENT '用户名',
  'server_host' varchar(20) COLLATE utf8_bin DEFAULT NULL COMMENT'服务器ip',
  'server_port' int(11) DEFAULT NULL COMMENT '服务器端口',
  'server_pid' int(11) DEFAULT NULL COMMENT '服务器进程号',
  'client_host' varchar(20) COLLATE utf8_bin DEFAULT NULL COMMENT '客户端ip',
  'client_port' int(11) DEFAULT NULL COMMENT '客户端端口',
  'start_time' datetime DEFAULT NULL COMMENT '语句开始执行时间',
  'end_time' datetime DEFAULT NULL COMMENT '语句执行结束时间',
  'time' int(11) DEFAULT NULL COMMENT '语句执行消耗的时间，单位秒',
  'scsql' text COLLATE utf8_bin COMMENT '执行的语句',
  'db' varchar(100) COLLATE utf8_bin DEFAULT NULL COMMENT '当前选择的数据库',
  'byzd' varchar(100) COLLATE utf8_bin DEFAULT NULL COMMENT '备用字段',
  PRIMARY KEY ('id')
) ENGINE=SCSEng DEFAULT CHARSET=utf8 COLLATE=utf8_bin
Query OK,Totally:1 lines (0.00188 sec)
```

当 SCSQL 语句的执行时间超过预设的慢查询时间时，该 SCSQL 语句相关信息就会被记录到慢查询表。慢查询时间有全局级和会话级两个级别。

(1) 全局级，全局级慢查询对所有用户连接有效，也是用户连接的初始慢查询时间。这个慢查询时间在管理服务器的 ms2.conf 配置文件中配置，示例如下：

```
[global]
slow_query_time = 60
```

(2) 会话级。如果用户需要不同于全局级的慢查询时间，用户可以通过 set 命令来设置本用户连接的慢查询时间，这就是会话级慢查询，这个设置只对本用户连接有效，示例如下：

```
SET SLOW_QUERY_TIME = value
```

6.2.7　日志分析

SCSDB 由 scsdb2server 服务来记录用户的登录信息、SCSQL 操作信息，这些信息记录在 /var/scs/logs/scsdb2server/ 目录下的日志文件中。日志文件名为服务名 scsdb2server，扩展名为 .log。10 个日志文件为一组(.log、log1、log2、log3、log4、log5、log6、log7、log8、log9)，

循环编写。.log 文件是当前数据库程序正在写入的日志文件,而.log.N 是已写满的日志文件,N 越大,日志产生的时间越早。当所有日志文件满了之后,删除.log.9 日志文件,然后再把 .log.8 重命名为 .log.9,.log.7 重命名为 .log.8,依次进行,直至 .log 重命名为 .log.1,最后创建新的日志文件 .log 来写入最新的日志。

(1) scsdb2server 日志中记录了用户登录的账号、IP 信息示例如下:

```
[main process] 07/26/2017 14:38:08 INFO - accept a new socket [7] from
192.168.0.91:36327 and id is [00000017]
[00000017] 07/26/2017 14:38:08 INFO - a new client, it's id is 00000017,
and it's pid is 25318
[00000017] 07/26/2017 14:38:08 INFO - user SCS login  from
192.168.0.91:36327 to 192.168.0.91:2180
```

(2) scsdb2server 日志中记录了用户操作的 SQL 语句、错误信息等,方便用户进行追查,示例如下:

```
[00000017] 07/26/2017 14:41:56 INFO - Convert [select * from student] to
[select * from student]
[00000017] 07/26/2017 14:41:56 INFO - select * from student
```

(3) scsdb2server 日志等级有 DEBUG 、INFO 、WARN 、ERROR 四个等级,DEBUG 等级最低,ERROR 等级最高,默认的日志等级是 INFO,用来记录用户登录信息和用户操作的 SCSQL 语句、错误信息。用户可以通过 SET LOGLEVEL {DEBUG | INFO | WARN | ERROR}命令来调整日志等级。设置某一个日志等级后,大于或等于这一个等级的日志才会被记录到日志文件中。如 SET LOGLEVEL DEBUG 后,日志文件里面会包含 DEBUG 等级的日志,用来显示 SCSQL 语句的执行过程。如对于 SELECT * FROM STUDENT 查询,会有如下详细日志信息:

```
[00000017] 07/26/2017 14:41:56 INFO - Convert [select * from student] to
[select * from student]
[00000017] 07/26/2017 14:41:56 INFO - select * from student
[00000017] 07/26/2017 14:41:56 DEBUG - Command type is 1
[00000017] 07/26/2017 14:41:56 DEBUG - abc slow query threshold value is 60
[] 07/26/2017 14:41:56 DEBUG - slow query wait
[00000017] 07/26/2017 14:41:56 DEBUG - DN 192.168.0.91:2000 execute success
[00000017] 07/26/2017 14:41:56 DEBUG - DN 192.168.0.91:2000 execute success
[00000017] 07/26/2017 14:41:56 DEBUG - The plan is:
[DNQuery]
      sql:{ select sno target_1, sname target_2, sex target_3, nation
target_4, major target_5, birth target_6 from student   },
      All nodes
[Merge]
```

```
[RstHandle]
       sno,sname,sex,nation,major,birth

[00000017] 07/26/2017 14:41:56 DEBUG - [DNQuery]
       sql:{ select sno target_1, sname target_2, sex target_3, nation
target_4, major target_5, birth target_6 from student    },
       All nodes
[00000017] 07/26/2017 14:41:56 DEBUG - DN Execute select sno target_1, sname
target_2, sex target_3, nation target_4, major target_5, birth target_6 from
student
[] 07/26/2017 14:41:56 DEBUG - DN 192.168.0.91:2000 execute success
[] 07/26/2017 14:41:56 DEBUG - DN 192.168.0.93:2000 execute success
[] 07/26/2017 14:41:56 DEBUG - DN 192.168.0.92:2001 execute success
[] 07/26/2017 14:41:56 DEBUG - DN 192.168.0.91:2001 execute success
[] 07/26/2017 14:41:56 DEBUG - DN 192.168.0.94:2000 execute success
[] 07/26/2017 14:41:56 DEBUG - DN 192.168.0.92:2000 execute success
[] 07/26/2017 14:41:56 DEBUG - DN 192.168.0.94:2001 execute success
[] 07/26/2017 14:41:56 DEBUG - DN 192.168.0.93:2001 execute success
[00000017] 07/26/2017 14:41:56 DEBUG - [Merge]

[00000017] 07/26/2017 14:41:56 DEBUG - [RstHandle]
       sno,sname,sex,nation,major,birth
[00000017] 07/26/2017 14:41:56 DEBUG - Execute SQL success!
[] 07/26/2017 14:41:56 DEBUG - slow query idle
[00000017] 07/26/2017 14:41:56 DEBUG - free result
```

　　如上例所示，通过 DEBUG 日志，用户可以看到 scsdbserver 什么时候接收到了 SCSQL 语句，SCSQL 语句的执行计划，SCSQL 语句的执行过程，每个过程什么时候开始/结束，总执行过程什么时候结束等信息。通过对这些信息的分析，用户能够发现该 SCSQL 语句的执行耗时情况，从而有针对性地去优化 SCSQL。

6.3　数据库调优

6.3.1　优化器

　　SCSDB 优化器的基本思想是：
　　(1) 提升计算的并行度；
　　(2) 让计算靠近数据，也就是让计算移到数据所在的地方；
　　(3) 有尽可能少的内部数据迁移。

假设有一张(号牌号码，过车时间，卡点编号)号牌识别信息表(catchinfo 表)，且"未识别牌"数据随机存储，其他车牌数据按 HASH 分片存储，即 catchinfo 表按混合分片(数据分片的存储方式介绍请查看后面的"SCSDB 数据分片存储原理"一节)进行存储时，要计算每辆车的过车次数，优化器生成的执行计划的处理流程如图 6-1 所示。

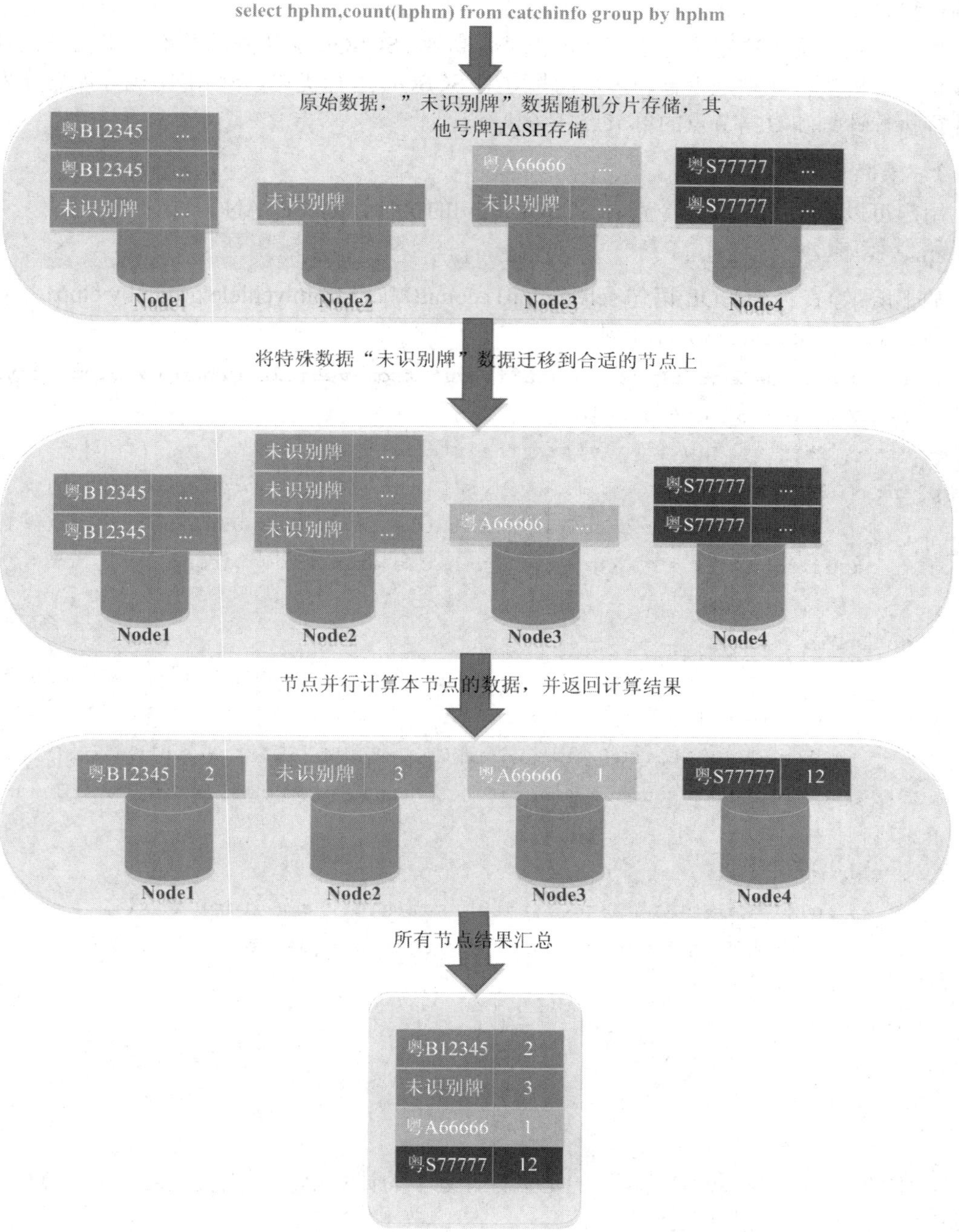

select hphm,count(hphm) from catchinfo group by hphm

原始数据，"未识别牌"数据随机分片存储，其他号牌HASH存储

粤B12345	...
粤B12345	...
未识别牌	...

Node1

| 未识别牌 | ... |

Node2

| 粤A66666 | ... |
| 未识别牌 | ... |

Node3

| 粤S77777 | ... |
| 粤S77777 | ... |

Node4

将特殊数据"未识别牌"数据迁移到合适的节点上

| 粤B12345 | ... |
| 粤B12345 | ... |

Node1

未识别牌	...
未识别牌	...
未识别牌	...

Node2

| 粤A66666 | ... |

Node3

| 粤S77777 | ... |
| 粤S77777 | ... |

Node4

节点并行计算本节点的数据，并返回计算结果

| 粤B12345 | 2 |

Node1

| 未识别牌 | 3 |

Node2

| 粤A66666 | 1 |

Node3

| 粤S77777 | 12 |

Node4

所有节点结果汇总

粤B12345	2
未识别牌	3
粤A66666	1
粤S77777	12

图 6-1　SCSDB 优化器思想

6.3.2　执行计划

在前面章节介绍了 SCSDB 优化器思想。当 SCSDB 收到用户查询 SCSQL 后，交给优化器进行分析，由优化器生成执行计划，再将执行计划交给执行器执行，最后完成 SCSQL 查询过程。

执行计划的优劣决定了整个查询过程是否高效。SCSQL 调优中的关键一步就是查看执行计划，分析执行计划是否合理，从而指导对 SCSQL 进行优化。SCSDB 执行计划分为集群并行执行计划和数据节点的单节点任务执行计划。

1.　集群并行执行计划

用户可以通过 PLAN 命令查看 SCSQL 语句的执行计划。PLAN 语法如下：

```
PLAN select_statement
```

如下所示，查看 SCSQL 语句 select clpp1, count(*) cnt from vehicle group by clpp1 having cnt > 2 order by cnt desc 的执行计划。

```
hcloud>plan select clpp1, count(*) cnt from vehicle group by clpp1 having
cnt > 2 order by cnt desc\G.
****************Row 1****************
plan: [DNUpdate]
        sql:{ create virtual table tmp04c0a8005b3659_ select clpp1
aS   tgt0, count(*) aS   tgt1 from vehicle as vehicle group by 1 limit 0 },
    All nodes
[ResultDis]
    sql:{ select clpp1 aS   tgt0, count(*) aS   tgt1 from vehicle as
vehicle group by 1 },
    All nodes, Define{, hash, tmp04c0a8005b3659_, HashCol(tgt0),
SQL{select clpp1 aS   tgt0, count(*) aS   tgt1 from vehicle as vehicle group
by 1}}
[DNQuery]
    sql:{ select tgt0 aS   tgt0, sum(tgt1) aS   tgt1 from
tmp04c0a8005b3659_ group by 1 having tgt1>2 order by 2 DESC },
    All nodes
[MergeSort]
    {  ( 1, DESC )}
[RstHandle]
    clpp1,cnt
```

其中，[DNQuery]、[ResultDis]表示的是执行计划中的计划单元，代表了某一类运算操作，SCSDB 共有 11 类计划单元。

(1) [DNUpdate]计划单元，表示的是在数据节点上执行非查询 SCSQL(不返回结果集的 SCSQL)的计划单元，比如在数据节点上创建虚拟表等。如上面例子中的 SCSQL 语句的执行计划中含有如下[DNUpdate]计划单元：

```
[DNUpdate]
        sql:{ create virtual table tmp04c0a8005b3659_ select clpp1 aS   tgt0,
count(*) aS   tgt1 from vehicle as vehicle group by 1 limit 0 },
    All nodes
```

其中，sql 表示的是在数据节点上执行的 SCSQL 语句。其他计划单元的 sql 表示意义相同；All nodes 表示需要在所有数据节点上执行该 SCSQL 语句。其他计划单元的 All nodes 表示意义相同。

（2）[DNQuery]计划单元，表示的是在数据节点上执行查询 SCSQL(返回结果集的 SCSQL)的计划单元，比如将相关查询 SCSQL 下发到数据节点上查询等。SCSQL 语句 select clpp1, count(*) cnt from vehicle group by clpp1 having cnt > 2 order by cnt desc 的执行计划中含有如下[DNQuery]计划单元：

```
[DNQuery]
        sql:{ select tgt0 aS   tgt0, sum(tgt1) aS   tgt1 from
tmp04c0a8005b3659_ group by 1 having tgt1>2 order by 2 DESC },
        All nodes
```

（3）[SimpleQuery]计划单元，表示的是简单查询(没有 from 子句的查询)的计划单元，如 select now()等，示例如下：

```
hcloud>plan select now()\G.
***************Row 1***************
plan: [SimpleQuery]
        sql:{ select now() target_1     },
        All nodes
[RstHandle]
        now()
```

（4）[ResultDis]计划单元，表示的是将查询结果集重新分布的计划单元，如有些 group/having 运算，需要将部分数据重分布后才能高效地完成 group/having 运算。SCSQL 语句 select clpp1, count(*) cnt from vehicle group by clpp1 having cnt > 2 order by cnt desc 的执行计划中含有如下[ResultDis]计划单元：

```
[ResultDis]
        sql:{ select clpp1 aS   tgt0, count(*) aS   tgt1 from vehicle as
vehicle group by 1 },
        All nodes, Define{, hash, tmp04c0a8005b3659_, HashCol(tgt0),
SQL{select clpp1 aS   tgt0, count(*) aS   tgt1 from vehicle as vehicle group
by 1}}
```

其中：sql 表示需要重新分布的数据，ResultDis 计划子节点会将该 sql 的查询结果数据进行重分布。

All nodes 表示的是在所有数据节点上执行查询 sql。

Define 定义了数据重分布的规则。hash 表示对查询结果数据进行 hash 重分布，HashCol

指明了 hash 重分布时进行 hash 计算的字段是 tgt0，tmp04c0a8005b3659 是数据重分布写入的目标表名。

(5) [Merge]计划单元，表示的是对 DNQuery 计划单元的结果集进行简单合并的计划单元。如查询语句 select hphm,clpp1 from vehicle where clpp1='现代'，首先由[DNQuery]计划单元在相应的数据节点上执行查询，然后将所有数据节点的查询结果交给[Merge]计划单元合并，最后将[Merge]计划单元合并后的结果返回给用户。

```
hcloud>plan select hphm,clpp1 from vehicle where clpp1='现代' limit 1\G.
****************Row 1****************
plan: [DNQuery]
     sql:{ select hphm aS   tgt0, clpp1 aS   tgt1 from vehicle as vehicle
where (clpp1 = '现代') limit 0,1 },
     All nodes
[Merge]
    limit 0,1
[RstHandle]
     hphm,clpp1


Query OK,Totally:1 lines (0.00463 sec)
```

limit 表示的是返回结果集的中间那几行数据。其他计划单元的 limit 表示意义相同。

(6) [MergeSort]计划单元，表示的是对 DNQuery 计划单元的结果集进行归并排序的计划单元。如单表排序查询(不含 group 子句)语句，会由 MergeSort 计划单元来对数据节点返回的查询结果集进行归并排序。即 DNQuery 计划单元在数据节点上进行第一次排序，MergeSort 计划单元再对 DNQuery 的结果集进行第二次归并排序，示例如下：

```
hcloud>plan select hphm,clpp1 from vehicle where clpp1='现代' order by hphm
limit 1\G..
****************Row 1****************
plan: [DNQuery]
    sql:{ select hphm aS   tgt0, clpp1 aS   tgt1 from vehicle as vehicle where
(clpp1 = '现代') order by 1 ASC limit 0,1 },
     All nodes
[MergeSort]
    { ( 0, ASC )} , limit 0,1
[RstHandle]
    hphm,clpp1


Query OK,Totally:1 lines (0.00646 sec)
```

{ (0, ASC)}，表示的是对 DNQuery 返回的结果集的第 0 个字段进行升序排序。

(7) [Gather]计划单元,表示的是对 DNQuery 计划单元的结果集进行简单汇总的计划单元。如单表的简单统计(MAX/MIN/COUNT/SUM，但不含 group 子句)，示例如下：

```
hcloud>plan select count(*) from vehicle where clpp1='现代'\G.
****************Row 1****************
plan: [DNQuery]
        sql:{ select count(*) aS  tgt0 from vehicle as vehicle where (clpp1
= '现代') },
        All nodes
[Gather ]
        Summary{(0,sum)}
[RstHandle]
        count(*)

Query OK,Totally:1 lines (0.00511 sec)
```

Summary{(0,sum)}，表示对 DNQuery 计划单元的结果集的第 0 列进行求和。

(8) [Group]计划单元，表示的是对 DNQuery 计划单元的结果集进行 group 运算的计划单元，如常见的 group 分组查询，示例如下：

```
hcloud>plan select clpp1, count(*) from vehicle group by clpp1\G.
****************Row 1****************
plan: [DNQuery]
        sql:{ select clpp1 aS  tgt0, count(*) aS  tgt1 from vehicle as
vehicle group by 1 },
        All nodes
[Group]
        Group(0),Summary{(1,sum)}
[RstHandle]
        clpp1,count(*)

Query OK,Totally:1 lines (0.00675 sec)
```

Group(0)，表示对 DNQuery 计划单元结果集的第 0 列进行分组。

(9) [Order]计划单元，表示的是对 Group 计划单元的结果集进行 order 运算的计划单元。如常见的包含 group 子句和 order 子句的查询，示例如下：

```
hcloud>plan select clpp1, count(*) cnt from vehicle group by clpp1 order
by cnt\G.
****************Row 1****************
plan: [DNQuery]
        sql:{ select clpp1 aS  tgt0, count(*) aS  tgt1 from vehicle as
vehicle group by 1 },
        All nodes
```

```
[Group]
        Group(0),Summary{(1,sum)}
[Order]
      { ( 1 , ASC )}
[RstHandle]
        clpp1,cnt


Query OK,Totally:1 lines (0.00528 sec)
```

{（1， ASC）}，表示对 Group 计划单元结果集的第 1 列进行升序排序。

（10）[PreSelect]计划单元，仅用来表示预处理语句的 end preprocess 之后的查询语句。

（11）[RstHandle]计划单元，表示的是最后返回结果集的字段名列表，示例如下：

hcloud>plan select clpp1, count(*) cnt from vehicle group by clpp1 order by cnt\G.

```
****************Row 1****************
plan: [DNQuery]
        sql:{ select clpp1 aS   tgt0, count(*) aS   tgt1 from vehicle as
vehicle group by 1 },
        All nodes
[Group]
        Group(0),Summary{(1,sum)}
[Order]
      { ( 1 , ASC )}
[RstHandle]
        clpp1,cnt


Query OK,Totally:1 lines (0.00528 sec)
```

clpp1，cnt 就是最后的结果集字段名列表。

2. 数据节点的单节点执行计划

PLAN 命令查看的是 SCSQL 语句在分布式集群中的任务执行计划，不能细分查看到下发到数据节点上的 SCSQL 语句在数据节点上的执行计划，也就是看不到 DNQuery 计划单元在数据节点上的执行信息。如果要查看数据节点上的 SCSQL 语句执行计划，需要使用 EXPLAIN 命令。EXPLAIN 语法如下：

```
EXPLAIN [EXTENDED | PARTITIONS] select_statement
```

（1）EXTENDED 选项会使 EXPLAIN 输出更多的执行计划信息。执行计划信息的介绍在示例后面。

（2）PARTITIONS 选项会使 EXPLAIN 多输出一列与表分区信息有关的列，示例如下：

hcloud>plan select hphm,clpp1 from vehicle\G.

```
****************Row 1****************
```

```
plan: [DNQuery]
      sql:{ select hphm aS    tgt0, clpp1 aS    tgt1 from vehicle as vehicle },
      All nodes
[Merge]


[RstHandle]
      hphm,clpp1
```

hcloud>explain partitions select hphm aS   tgt0, clpp1 aS   tgt1 from vehicle as vehicle\G.

```
****************Row 1****************
id: 1
select_type: SIMPLE
table: VEHICLE
partitions: NULL
type: ALL
possible_keys: NULL
key: NULL
key_len: NULL
ref: NULL
Extra:
Query OK,Totally:1 lines (0.00156 sec)
```

EXPLAIN 命令输出信息介绍：

① id，对应的 SELECT 语句的 ID 编号。

② select_type，对应的 SELECT 语句类型。

③ table，查询引用到的表。

④ partitions，将要使用的分区。只有使用了 partitions 选项时才会显示这一列。对于非分区表，该列值为 0。

⑤ type，连接类型。从优到劣依次为 system、const、eq_ref、ref、ref_or_null、index_merge、unique_subquery、index_subquery、range、index 和 ALL。排在前面的类型，有更强的限制性，在连接时检索的行会更少。

⑥ possible_keys，可能会用到的索引。如果为 NULL，则表示没有索引可用。

⑦ key，实际检索时真正用到的索引。

⑧ key_len，实际使用索引的长度。

⑨ ref，用来与索引值进行比较的值。如果是 const 或'???'表示对常数进行比较。如果是列名，表示逐个比较列。

⑩ filtered，与前面的表进行连接的行的估算百分比。

⑪ extra，其他与执行计划相关的信息。Using filesort，需要进行文件排序；Using index，不需要检索数据文件，只利用索引文件就能够检索信息；Using temporary，需要创建临时

表来完成查询；Using where，使用 SELECT 语句中的 where 子句信息进行检索。

6.3.3 数据存储优化

1. SCSDB 数据存储原理

如图 6-2 所示，SCSDB 对数据表进行水平分片，分成多个片段映射存储到对应的数据节点上。这样，对于有 N 个数据节点的集群，每个数据节点只需存储数据总量的 $1/N$ 数据。

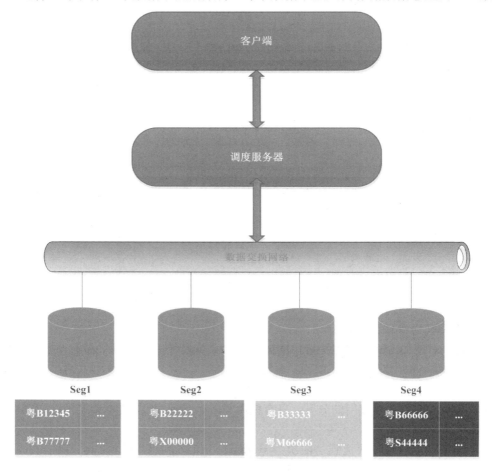

图 6-2 数据分片存储原理图

SCSDB 进行水平分片存储的方式有三种：Hash 分片、平均分片、Hash 分片+平均分片的混合分片存储。

1) Hash 分片

Hash 分片的目的在于使同一个对象(如人、车、班级、科室等)的数据映射存储到同一个数据节点上，从而优化 group 运算、关联运算的效率。

Hash 分片存储过程如图 6-3 所示。

Hash 分片将具有相同 Hash 值的数据行映射存储到同一个数据节点上，如号牌识别信息表 catchinfo 表按 hphm 字段进行 Hash 分片存储的效果如图 6-4 所示。

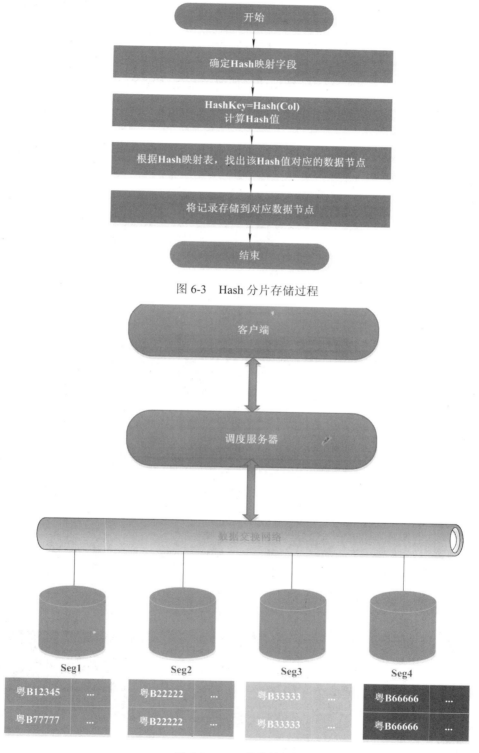

图 6-3 Hash 分片存储过程

图 6-4 Hash 分片效果图

如图 6-4 所示，成绩表按班级字段进行 Hash 分片存储时，同一个班级的数据存储在同一个数据节点。

Hash 分片的优点：同一对象(如班级)的数据存储在同一个数据节点，有利于提升针对该对象的分组、关联性能。

Hash 分片的缺点：当某些对象的数据比其他对象数据多很多时，可能就会出现数据不均衡。

2) 平均分片

平均分片将数据随机的平均分片到各个数据节点上。当有新数据插入时，寻找当前数据量较少的数据节点，然后将数据映射存储到该节点。

平均分片的效果图如图 6-5 所示。

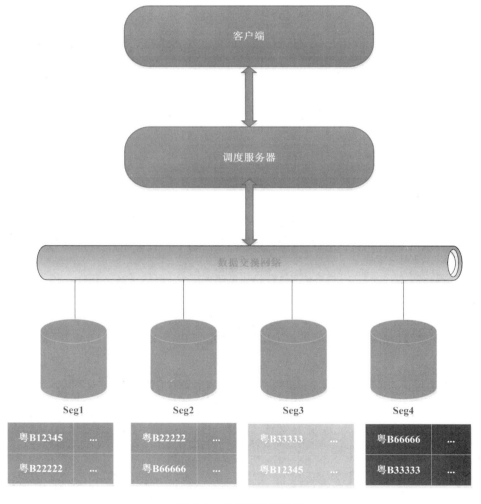

图 6-5 平均分片效果图

- 平均分片优点：数据分布较均衡。
- 平均分片缺点：分组、表连接时需要将相关数据重新分布，从而降低了查询效率。

3) 混合分片

混合分片，即对某一张表的分片同时采用 Hash 分片+平均分片两种方式。即正常数据按 Hash 方式进行分布，少量指定的特殊数据按平均分片方式存储。这样解决了 Hash 分片的数据不均衡问题和平均分片的分组、表连接查询效率不高的问题。

如 catchinfo 表按 hphm 进行 Hash 分片，并指定"未识别牌"数据为特殊数据，这种情况下，混合分片的效果如图 6-6 所示。

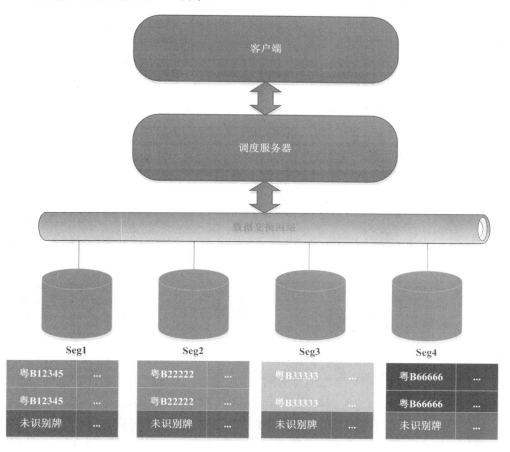

图 6-6　混合分片效果图

- 混合分片优点：数据分布较均衡，分组、关联时仅需要对特殊数据进行重新分布。
- 混合分布缺点：分组、关联时需要对特殊数据进行重分布，性能会比 Hash 分片低一些。

2. 设计合理的数据分片规则

上面已经介绍了，SCSDB 数据表有三种分片方式，包括 Hash 分片、平均分片、混合分片。以下两种情况，会使表数据进行 Hash 分片：

(1) 含有主键的表，则会以表的主键字段为 Hash 字段来进行 Hash 分片。

(2) 含有索引名字为 HASH_INDEX/REF_INDEX 的表，则以表的 HASH_INDEX/REF_INDEX 索引字段为 Hash 字段进行 Hash 分片。

对于没有主键，也没有索引名字为 HASH_INDEX/REF_INDEX 的表，该表数据是平均分片。

　　对于有主键的表或者含有索引名字为 HASH_INDEX/REF_INDEX 的表，且同时为该表添加了特殊值，则该表数据是混合分片的。可以使用 ALTER TABLE tbl_name ADD SPECIAL VALUE 命令来为表添加特殊值，该命令的详细介绍请查看第 3 章。

　　数据表分片的规划可遵循以下原则：

　　(1) 分析系统中常用的 group 分组字段、表连接字段，选取使用频率高且分组、连接运算的相关表的数据量较大的字段作为该系统的 Hash 分片字段。以交通管理系统为例，如图 6-7 所示。

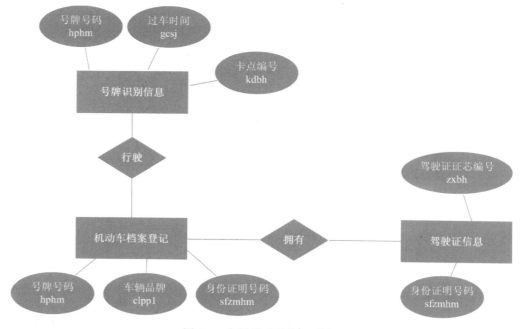

图 6-7　交通管理系统 ER 图

　　系统中存在(号牌识别信息表，机动车档案登记表)基于号牌号码连接、(机动车档案登记表，驾驶证信息表)基于身份证明号码连接两对连接关系，所以号牌号码和身份证明号码都可以作为系统的 Hash 分片字段。但号牌识别信息表的数据量远大于驾驶证信息表的数据量，因此在交通管理系统中，应该选择(号牌识别信息表，机动车档案登记表)的关联字段"号牌号码"作为系统的 Hash 分片字段。

　　(2) 选取了系统的 Hash 分片字段后，相关数据表中如果含有该 Hash 分片字段，则该表优先使用该 Hash 分片字段进行 Hash 分片存储；否则，该表可以设置为平均分布。所以号牌识别信息表、机动车档案登记表都以号牌号码为 Hash 分片字段进行 Hash 分片存储；而驾驶证信息表则可选择身份证明号码进行 Hash 分片存储。

　　(3) 对于选定了 Hash 分片字段的数据表，如果该表的 Hash 分片字段的数据存在很多"异常数据"，导致产生了数据不均衡，出现了严重的短板效应，这种情况下，可以将这些"异常数据"设置为特殊值，这样该表就是混合分布了。例如，在号牌识别信息表中存在大量的"未识别牌"数据，这种情况下，就可以把"未识别牌"设置为号牌识别信息表的特殊值，以防止数据严重不均衡。

3. 数据表 partition 分区存储原理

SCSDB 支持 parition 分区存储功能，如图 6-8 所示。当为表创建了 partition 分区时，节点内的同一组数据(如同一年或同一月)存储在同一个文件内。其中，catchinfo 表数据按 hphm 进行 Hash 分片存储，同时为表创建按月存储的 partition 分区。

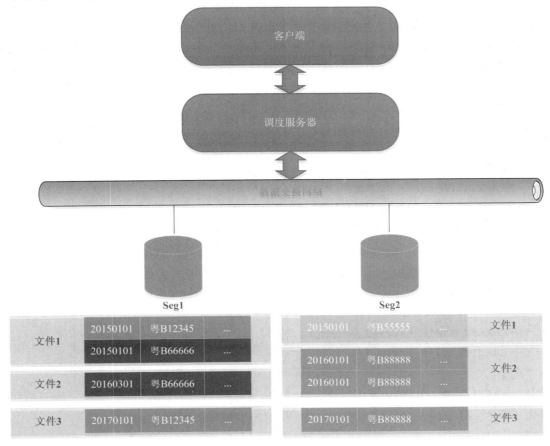

图 6-8　节点内分区存储效果图

如果 SELECT 语句的 WHERE 条件里面带有 partition 字段的过滤条件，使用 partition 分区存储功能能很大地提高查询速度，这主要是因为数据库只需要检索符合条件的 partition 分区，极大的缩小了数据检索范围。图 6-8 示例中，需要查询 2017 年的数据，则数据库只需要检索文件 3 中的数据即可。

4. 合理利用表 partition 分区

上面介绍了 SCSDB 支持 partition 分区功能，同一个 partition 的数据会存储在同一个文件，不同 partition 分区的数据存储在不同文件。对于数据量比较大的表，且针对该表的查询经常是某一区间内的查询，就可以考虑给该表创建 partition 分区。例如，对于 catchinfo 表，经常分析的是一个月内的号牌识别数据，这样就可以将 catchinfo 表按过车时间 gcsj 字段进行按月分区存储。

在对分区表进行查询时，需要注意尽量让查询条件落在同一个分区内。如 A 表按时间字段按月分区，则查询 5 月份数据，使用 sj >= '2017-05-01 00:00:00' and sj <= '2017-05-31 23:59:59'条件表达式会比 sj >= '2017-05-01 00:00:00' and sj < '2017-06-01 00:00:00'更高效。

SCSDB 支持如下 partition 分区方式：

(1) RANGE(expr)分区函数把每个分区和表达式 expr 的可取值范围的一个子集关联在一起。这种分区函数必须和 VALUES LESS THAN 子句搭配使用，并按照该子句所给出的整数上限把函数值映射到不同的分区。最后一个分区可以使用 MAXVALUES 关键字作为其分区函数值。数据量随着时间逐步增长的数据表就适合使用 RANGE 分区，示例如下：

```
CREATE TABLE testtbl(a datetime, ...)
PARTITION BY RANGE(YEAR(a))
(
PARTITION p2015 VALUES LESS THAN (2016),
PARTITION p2016 VALUES LESS THAN (2017),
PARTITION p2017 VALUES LESS THAN (2018),
PARTITION pmax VALUES LESS THAN (MAXVALUE)
)
```

(2) LIST(expr)分区函数把每个分区和一列值关联在一起。这种分区函数必须和 VALUES IN 子句搭配使用，并按该子句给出的整数列表把函数值映射到不同的分区，示例如下：

```
CREATE TABLE testtbl(a int, ...)
PARTITION BY LIST(a)
(
PRATITION p0 VALUES IN (1, 2, 3),
PRATITION p0 VALUES IN (4, 5, 6, 7, NULL)
)
```

(3) HASH(expr)分区函数将根据以行的内容计算出来的 expr 值把行存储到相应的分区。典型的做法是把 HASH()函数和用来指定创建多少分区的 PARTITIONS n 子句搭配使用。行是基于 expr 除以 n 的余数来进行分配的，示例如下：

```
CREATE TABLE testtbl(a int, ...)
PARTITION BY HASH(a)
PARTITIONS 10
```

6.3.4 索引设计

SCSDB 提供索引功能，以加快查询速度。SCSDB 会默认为主键创建一个索引。

SCSDB 支持多列复合索引。当创建了 n 个字段的索引时，实际上就创建了 SCSDB 能够使用的 n 个索引。例如，创建了一个(col1, col2, col3)的组合索引，相当于同时创建了(col1)索引和(col1, col2)索引。

使用索引能有效地提高查询速度。但并不是说索引越多越好。SCSDB 要为维护索引付出代价，如索引占据磁盘空间、影响插入性能等。因而，用户在创建索引时，需要综合考虑各方面因素。建议用户在创建索引时参考以下一些准则。

(1) 尽量为搜索条件字段、分组字段、连接字段创建索引，不要为输出显示目标字段创建索引。

(2) 考虑字段的维度数。字段的"维度数"等于它所容纳的非重复值个数，维度数越高，索引效果越好。如果字段的维度数很低，也就是字段的重复值很高，在该字段上建立索引的效果不明显。比如，性别只有"男"、"女"两个维度，查询性别为"男"的学生，select * from student where sex ＝ '男'，对于这种查询，数据库优化器会认为全表扫描比使用索引更划算。这是因为这种情况下使用索引引起的随机 I/O 带来的性能损耗远比全表扫描更严重。

(3) 对短小的值建立索引。在定义字段的数据类型时，应尽量选用比较"小"的数据类型。如一个 MEDIUMINT 列已足够容纳需要存储的数据，就不要选用 BIGINT；如没有一个数据比 25 个字符更长，就不要选用 char(100)。

(4) 为字符串值的前缀建立索引。如果要为字符串字段创建索引，应尽可能给出前缀长度。如有一个 char(200)的字段，若前 20 个字符重复的记录已经比较少，那么仅为前 20或 30 个字符建立索引可以节省索引的大量空间，而且可以使查询更快。

(5) 充分利用最左边前缀。如果已经创建了(col1, col2, col3)的组合索引，就不需要再创建(col1)的索引和(col1, col2)的索引。

(6) 不要创建过多的索引。索引不是越多越好，索引会占用额外的磁盘空间，并严重影响表数据修改时间。

(7) 创建组合索引时，维度较多的放前面，维度较少的放后面；用于精确查询的(=)放在前面，而用于范围查询的(>、<)放在后面。

6.3.5　读写分离

SCSDB 的数据节点包含主节点和从节点两个角色。主节点和从节点之间存在着双向备份关系，在主节点上执行的 INSERT/UPDATE/DELETE/CREATE/DROP 等数据定义、数据操作的 SCSQL 语句会在从节点上重新执行一次；同样，在从节点上执行的数据定义、数据操作的 SCSQL 语句也会在主节点上重新执行一次。这样，主节点和从节点上就会分别存储一份相同的数据，即在 SCSDB 集群中数据共存储两份，以保证数据的安全性和系统的高可用性。关于在 SCSDB 集群的主节点和从节点的双向备份机制的更详细介绍可以参看后面的章节。

因为 SCSDB 默认将两份相同数据分别存储在主、从节点上，所以完全可以做读写分离，以提升系统的整体性能。也可以让写业务在主节点上，读业务在从节点上。比如数据抽取、数据上传使用主节点，数据查询分析使用从节点。

用户可以通过 SET MASTER/SET SLAVE 命令来选择自己想要使用的是主节点还是从

节点。SET MASTER，将本连接设置为使用主节点；SET SLAVE，将本连接设置为使用从节点。该命令是会话级别的，只对本会话连接有效，不会影响到其他会话连接对主节点、从节点的使用。连接建立时，默认使用的是主节点。

用户连接选择使用主节点还是从节点的命令如下：

```
SET {MASTER | SLAVE}
```

MASTER：表示选择使用主节点。

SLAVE：表示选择使用从节点。

6.3.6　关闭会话级的备份

SCSDB 的主节点和从节点是双向备份的，用户执行的 INSERT/UPDATE/DELETE/CREATE/DROP 等数据定义、数据操作 SCSQL 语句会在主节点和从节点上各执行一次。而 SCSDB 进行复杂分析时，会广泛使用一些只是为了完成本次分析而创建的表，如虚拟表，这些表不需要备份，所以针对这些表的操作语句只需要在当前节点执行就可以，不需要在备份节点上重新执行一次。为了实现这一目的，SCSDB 提供了 STOP BACKUP 来关闭会话级的备份，执行该命令后，本会话连接上执行的数据定义、数据操作语句只会在当前节点上执行，不会在对应的备份节点上执行，从而极大提高了本会话连接上的数据定义、数据操作的执行性能。

用户可以通过 START BACKUP 命令来重新开启本会话连接的备份，这样本会话连接执行的数据定义、数据操作语句又会在主节点和从节点各执行一次。

会话级的备份的开启、关闭的命令语法如下：

```
{START | STOP} BACKUP
```

该命令只对本会话连接有效，不会影响到其他连接的备份的开启、关闭。连接建立时，默认是开启备份的。

6.3.7　表空洞修复

当表存在大量的 UPDATE/DELETE 操作时，会导致表的数据文件、索引文件产生空洞、碎片，这种情况下会逐渐降低该表的查询性能。这个时候可以用 REPAIR TABLE 语句对该表重新进行修复，修复其空洞、碎片，以提升该表的查询性能。

SCSDB 提供了 REPAIR TABLE 语句来对表进行修复。

```
REPAIR [LOCAL] TABLE
    tbl_name [, tbl_name]...
    [QUICK | EXTENDED ]
```

执行 REPAIR TABLE 语句，如果不带 EXTENDED 或 QUICK 或 USE_FRM 中的任一选项，则进行普通的表修复操作。这种操作除了不能处理唯一索引里面出现的重复值之外，能够修复大部分的问题。

如果不给出 LOCAL，SCSDB 会同时修复主、从数据节点上的表；否则，只修复当前使用的数据节点的表。

（1）EXTENDED 选项，执行扩展修复，逐行创建索引，而不是每次排序时创建一个索引。

（2）QUICK 选项，只是快速修复索引文件，而不修复数据文件。

6.3.8　数据类型的选择

数据类型的选择，也会影响到查询性能。用户在进行表设计时，可以参考以下建议：

（1）能用数值类型表示的，就不要用字符串。

这是因为数字运算比字符串运算更快。比如以比较运算为例。数字之间的比较，可以在一个运算里完成。而字符串的比较，则需要多次字节与字节，或字符与字符的比较才能完成。字符串越长，比较次数越多。比如 catchinfo 表里的过车序号，即可以用字符串存储过车序号 "12345"，可以用数字存储过车序号 12345，但在 SCSDB 中查询过车序号 12345 信息时，用数字存储过车序号的查询会更高效。

（2）优先选择较小类型。

较小类型的处理速度比较大类型更快。尤其是字符串，其处理时间与长度有直接关系。如果 MEDIUMINT 够用，就不要选择 BIGINT。如果 FLOAT 足以满足精度要求，就不要选择 DOUBLE。如果是固定长度的 CHAR 列，则不要把它们设置的太长。如果该字段的最长值长度为 40 个字符，那么就定义为 CHAR(40)，而不要定义为 CHAR(255)。

（3）可以把很大的 TEXT 列剥离出来形成一个单独表。

如果 TEXT 列的内容不作为查询条件，只是最后显示，那么可以考虑把 TEXT 列从主表里面剥离出来，存储到附表。这样主表的数据存储更紧凑，I/O 量也就更少，主表的查询速度也就更快。

6.3.9　硬件的选择

SCSDB 具有以下几个特性：

（1）数据节点虚拟化，每台物理服务器可以部署多个数据节点。

（2）每个数据节点通过 datadir 配置项指定其数据存储目录。Linux 的磁盘是挂载在目录下，通常为每个数据节点配置不同的数据存储目录，相当于为每个数据节点指定不同的磁盘。

（3）SCSDB 支持读写分离操作。

基于以上 3 点，同时为了使硬件资源利用最大化，SCSDB 性能最优，一般推荐服务器配置 1 块 SAS 盘＋2 块 SSD 盘的混搭方式，这样可以在一台物理服务器上部署 2 个主节点和 2 个从节点。主节点数据存放到 SAS 盘，从节点数据存放到 SSD 盘。同时，做读写分离，"写"业务在主节点上，"读"业务在从节点上。

6.3.10　其他优化建议

（1）只检索需要的目标列。多余的目标列会增加磁盘 I/O 和网络开销，尤其是 TEXT 列。

（2）两表连接的字段使用相同的数据类型。

（3）尽量不要使用子查询，而应该将子查询改写为多表连接语句，这样会更高效。

6.4 公安交通大数据应用案例

6.4.1 案例描述

通过使用号牌识别信息表(catchinfo 表)、机动车档案登记表(vehicle 表)、驾驶证信息表(drivinglicense 表)三张表，完成如下需求：

(1) 交通流量分析。分析每个卡口的每个时段的交通流量。

(2) 假牌车分析。找出在路面上活跃的假牌车。

(3) 隐患驾驶分析。找出驾驶证被吊销，但其名下车辆仍活跃在路面上的车辆。

(4) 车辆所属地分析。分析城市道路上活跃车辆的所属地。

(5) 车辆模糊查询。根据模糊车牌信息，查询车辆的行驶轨迹。

6.4.2 表设计

根据 6.3.3 节的内容，catchinfo 表和 vehicle 表按 hphm 进行 Hash 分片存储，而 drivinglicense 表按 sfzmhm 进行 Hash 分片存储。由于 catchinfo 表数据量很大且每日不断新增，故 catchinfo 表可以按 gcsj 进行分区存储。另外，为了提升查询、分析性能，需要给三张表增加索引如下：

catchinfo 表：KEY idx_gcsj_kdbh_hphm_hpys (gcsj,kdbh,hphm,hpys)，KEY idx_gcxh (gcxh)。

vehicle 表：UNIQUE INDEX idx_unq_veh(hphm, hpzl)，INDEX idx1(hphm, sfzmhm)。

drivinglicense 表：UNIQUE INDEX xh(xh, sfzmhm)。

三张表的建表语句分别如下：

```
CREATE TABLE catchinfo (
  gcxh varchar(30) COLLATE utf8_bin DEFAULT NULL COMMENT '过车序号；12 位地
级市编码+10 位流水号',
  kdbh varchar(30) COLLATE utf8_bin NOT NULL COMMENT '卡点编号',
  cdbh varchar(10) COLLATE utf8_bin DEFAULT NULL COMMENT '车道编号；车辆行驶
方向最左车道为 01，由左向右顺序编号；字符长度统一定为 10，便于扩展',
  gcsj datetime NOT NULL COMMENT '过车时间；车辆经过卡口的时间，按照 yyyy-mm-dd
hh：mm：ss 显示，上述时间以 24 小时计时，月日时分秒均采用两位表示，不足两位时前位补 0',
  hphm varchar(15) COLLATE utf8_bin DEFAULT '-' COMMENT '号牌号码',
  hpys varchar(10) COLLATE utf8_bin DEFAULT '4' COMMENT '号牌颜色；0-白色，
1-黄色，2-蓝色，3-黑色，4-其它颜色',
  hpzl varchar(10) COLLATE utf8_bin DEFAULT NULL COMMENT '号牌种类；按 GA24.7
编码',
  cthphm varchar(15) COLLATE utf8_bin DEFAULT NULL COMMENT '车头号牌号码；车
辆车头号牌号码，允许车辆车头号牌号码不全。',
```

cthpys varchar(10) COLLATE utf8_bin DEFAULT NULL COMMENT '车头号牌颜色；0-白色，1-黄色，2-蓝色，3-黑色，4-其它颜色',

csys varchar(10) COLLATE utf8_bin DEFAULT NULL COMMENT '车身颜色；按 GA24.8 编码',

tplx varchar(10) COLLATE utf8_bin DEFAULT NULL COMMENT '图片类型；0-未知，1-url，2-id',

tp varchar(5120) COLLATE utf8_bin DEFAULT NULL COMMENT '图片；多组图片拼接成一个字符串，拼接符为&#^!@^#&，格式如下：tp1&#^!@^#&tp2',

splx varchar(10) COLLATE utf8_bin DEFAULT NULL COMMENT '视频类型。',

sp varchar(1024) COLLATE utf8_bin DEFAULT NULL COMMENT '视频；多组视频拼接成一个字符串，拼接符为&#^!@^#&，格式如下：sp1&#^!@^#&sp2',

clsd int(11) DEFAULT '-1' COMMENT '车辆速度；单位 km/h，-1-无测速功能',

cwhphm varchar(15) COLLATE utf8_bin DEFAULT NULL COMMENT '车尾号牌号码；车尾号牌号码，允许车辆车尾号牌号码不全。不能自动识别的用"-"表示',

cwhpys varchar(10) COLLATE utf8_bin DEFAULT NULL COMMENT '车尾号牌颜色；0-白色，1-黄色，2-蓝色，3-黑色，4-其它颜色',

cllx varchar(10) COLLATE utf8_bin DEFAULT NULL COMMENT '车辆类型；按 GA24.4 编码',

sbbh varchar(30) COLLATE utf8_bin DEFAULT NULL COMMENT '设备编号；12 位管理部门 + 4 位顺序号 + 2 位设备类型。设备类型编码：01：公路卡口设备；02：电子警察设备；03：固定测速设备；04：视频监控设备；05：移动电子警察；06：行车记录仪；09：其它电子监控设备',

fxbh varchar(10) COLLATE utf8_bin DEFAULT NULL COMMENT '方向编号；6 位区划代码 + 4 顺序号',

clpp varchar(10) COLLATE utf8_bin DEFAULT NULL COMMENT '车辆品牌；车辆厂牌编码（自行编码）',

rksj datetime DEFAULT NULL COMMENT '入库时间',

hpyz char(1) COLLATE utf8_bin DEFAULT NULL COMMENT '号牌一致；0-车头和车尾号牌号码不一致，1-车头和车尾号牌号码完全一致，2-车头号牌号码无法自动识别，3-车尾号牌号码无法自动识别，4-车头和车尾号牌号码均无法自动识别',

clxs int(11) DEFAULT NULL COMMENT '车辆限速；单位 km/h',

xszt varchar(10) COLLATE utf8_bin DEFAULT NULL COMMENT '行驶状态；0-正常，1-嫌疑。按 GA408.1 编码，4602-在高速公路上逆行的，1603-机动车行驶超过规定时速 50% 的，等等。',

clwx varchar(10) COLLATE utf8_bin DEFAULT NULL COMMENT '车辆外形；车辆外形编码（自行编码）',

byzd1 varchar(16) COLLATE utf8_bin DEFAULT NULL COMMENT '备用字段 1',

byzd2 varchar(128) COLLATE utf8_bin DEFAULT NULL COMMENT '备用字段 2',

byzd3 varchar(128) COLLATE utf8_bin DEFAULT NULL COMMENT '备用字段 3',

sys_filename varchar(128) COLLATE utf8_bin DEFAULT NULL COMMENT '导入文

件名',
  sys_pch int COLLATE utf8_bin DEFAULT NULL COMMENT '导入批次号',
  KEY ref_index (hphm),
  KEY idx_gcsj_kdbh_hphm_hpys (gcsj,kdbh,hphm,hpys),
  KEY idx_gcxh (gcxh)
) DEFAULT CHARSET=utf8 COLLATE=utf8_bin COMMENT='号牌识别信息表'
PARTITION BY RANGE (to_days(gcsj))
(PARTITION p2017 VALUES LESS THAN (737060) ,
 PARTITION p201801 VALUES LESS THAN (737091) ,
 PARTITION p201802 VALUES LESS THAN (737119) ,
 PARTITION p201803 VALUES LESS THAN (737150) ,
 PARTITION p201804 VALUES LESS THAN (737180) ,
 PARTITION p201805 VALUES LESS THAN (737211) ,
 PARTITION p201806 VALUES LESS THAN (737241) ,
 PARTITION p201807 VALUES LESS THAN (737272) ,
 PARTITION p201808 VALUES LESS THAN (737303) ,
 PARTITION p201809 VALUES LESS THAN (737333) ,
 PARTITION p201810 VALUES LESS THAN (737364) ,
 PARTITION p201811 VALUES LESS THAN (737394) ,
 PARTITION p201812 VALUES LESS THAN (737425) ,
 PARTITION p201901 VALUES LESS THAN (737456) ,
 PARTITION p201902 VALUES LESS THAN (737484) ,
 PARTITION p201903 VALUES LESS THAN (737515) ,
 PARTITION p201904 VALUES LESS THAN (737545) ,
 PARTITION p201905 VALUES LESS THAN (737576) ,
 PARTITION p201906 VALUES LESS THAN (737606) ,
 PARTITION p201907 VALUES LESS THAN (737637) ,
 PARTITION p201908 VALUES LESS THAN (737668) ,
 PARTITION p201909 VALUES LESS THAN (737698) ,
 PARTITION p201910 VALUES LESS THAN (737729) ,
 PARTITION p201911 VALUES LESS THAN (737759) ,
 PARTITION p201912 VALUES LESS THAN (737790) ,
 PARTITION p202001 VALUES LESS THAN (737821) ,
 PARTITION p202002 VALUES LESS THAN (737850) ,
 PARTITION p202003 VALUES LESS THAN (737881) ,
 PARTITION p202004 VALUES LESS THAN (737911) ,
 PARTITION p202005 VALUES LESS THAN (737942) ,
 PARTITION p202006 VALUES LESS THAN (737972) ,
 PARTITION p202007 VALUES LESS THAN (738003) ,

```
PARTITION p202008 VALUES LESS THAN (738034) ,
PARTITION p202009 VALUES LESS THAN (738064) ,
PARTITION p202010 VALUES LESS THAN (738095) ,
PARTITION p202011 VALUES LESS THAN (738125) ,
PARTITION p202012 VALUES LESS THAN (738156) ,
PARTITION pmax VALUES LESS THAN MAXVALUE ) .

CREATE TABLE vehicle  (
 xh char(14)  DEFAULT NULL COMMENT '机动车序号',
 hpzl char(2)  DEFAULT NULL COMMENT '号牌种类',
 hphm varchar(15)  DEFAULT NULL COMMENT '号牌号码',
 clpp1 varchar(32)  DEFAULT NULL COMMENT '中文品牌',
 clxh varchar(32)  DEFAULT NULL COMMENT '车辆型号',
 clpp2 varchar(32)  DEFAULT NULL COMMENT '英文品牌',
 gcjk char(1)  DEFAULT NULL COMMENT '国产/进口',
 zzg char(3)  DEFAULT NULL COMMENT '制造国',
 zzcmc varchar(64)  DEFAULT NULL COMMENT '制造厂名称',
 clsbdh varchar(25)  DEFAULT NULL COMMENT '车辆识别代号',
 fdjh varchar(30)  DEFAULT NULL COMMENT '发动机号',
 cllx char(3)  DEFAULT NULL COMMENT '车辆类型',
 csys varchar(5)  DEFAULT NULL COMMENT '车身颜色',
 syxz char(1)  DEFAULT NULL COMMENT '使用性质',
 sfzmhm varchar(18)  DEFAULT NULL COMMENT '身份证明号码',
 sfzmmc char(1)  DEFAULT NULL COMMENT '身份证明名称',
 syr varchar(128)  DEFAULT NULL COMMENT '机动车所有人',
 syq char(1)  DEFAULT NULL COMMENT '所有权',
 ccdjrq datetime DEFAULT NULL COMMENT '初次登记日期',
 djrq datetime DEFAULT NULL COMMENT '最近定检日期',
 yxqz datetime DEFAULT NULL COMMENT '检验有效期止',
 qzbfqz datetime DEFAULT NULL COMMENT '强制报废期止',
 fzjg varchar(10)  DEFAULT NULL COMMENT '发证机关',
 glbm varchar(12)  DEFAULT NULL COMMENT '管理部门',
 fprq datetime DEFAULT NULL COMMENT '发牌日期',
 fzrq datetime DEFAULT NULL COMMENT '发行驶证日期',
 fdjrq datetime DEFAULT NULL COMMENT '发登记证书日期',
 fhgzrq datetime DEFAULT NULL COMMENT '发合格证日期',
 bxzzrq datetime DEFAULT NULL COMMENT '保险终止日期',
 bpcs int(2) DEFAULT NULL COMMENT '补领号牌次数',
 bzcs int(2) DEFAULT NULL COMMENT '补领行驶证次数',
```

```
bdjcs int(2) DEFAULT NULL COMMENT '补/换领证书次数',
djzsbh varchar(15) DEFAULT NULL COMMENT '登记证书编号',
zdjzshs int(2) DEFAULT NULL COMMENT '制登记证书行数',
dabh varchar(12) DEFAULT NULL COMMENT '档案编号',
xzqh varchar(10) DEFAULT NULL COMMENT '管理辖区',
zt varchar(6) DEFAULT NULL COMMENT '机动车状态',
dybj char(1) DEFAULT NULL COMMENT '0-未抵押, 1-已抵押',
jbr varchar(30) DEFAULT NULL COMMENT '经办人',
clly char(1) DEFAULT NULL COMMENT '1注册2转入3过户',
lsh varchar(13) DEFAULT NULL COMMENT '注册流水号',
fdjxh varchar(64) DEFAULT NULL COMMENT '发动机型号',
rlzl varchar(3) DEFAULT NULL COMMENT '燃料种类',
pl int(6) DEFAULT NULL COMMENT '排量',
gl float(5, 1) DEFAULT NULL COMMENT '功率',
zxxs char(1) DEFAULT NULL COMMENT '转向形式',
cwkc int(5) DEFAULT NULL COMMENT '车外廓长',
cwkk int(4) DEFAULT NULL COMMENT '车外廓宽',
cwkg int(4) DEFAULT NULL COMMENT '车外廓高',
hxnbcd int(5) DEFAULT NULL COMMENT '货箱内部长度',
hxnbkd int(4) DEFAULT NULL COMMENT '货箱内部宽度',
hxnbgd int(4) DEFAULT NULL COMMENT '货箱内部高度',
gbthps int(3) DEFAULT NULL COMMENT '钢板弹簧片数',
zs int(1) DEFAULT NULL COMMENT '轴数',
zj int(5) DEFAULT NULL COMMENT '轴距',
qlj int(4) DEFAULT NULL COMMENT '前轮距',
hlj int(4) DEFAULT NULL COMMENT '后轮距',
ltgg varchar(64) DEFAULT NULL COMMENT '轮胎规格',
lts int(2) DEFAULT NULL COMMENT '轮胎数',
zzl int(8) DEFAULT NULL COMMENT '总质量',
zbzl int(8) DEFAULT NULL COMMENT '整备质量',
hdzzl int(8) DEFAULT NULL COMMENT '核定载质量',
hdzk int(3) DEFAULT NULL COMMENT '核定载客',
zqyzl int(8) DEFAULT NULL COMMENT '准牵引总质量',
qpzk int(1) DEFAULT NULL COMMENT '驾驶室前排载客人数',
hpzk int(2) DEFAULT NULL COMMENT '驾驶室后排载客人数',
hbdbqk varchar(128) DEFAULT NULL COMMENT '环保达标情况',
ccrq datetime DEFAULT NULL COMMENT '出厂日期',
hdfs char(1) DEFAULT NULL COMMENT '获得方式',
llpz1 char(1) DEFAULT NULL COMMENT '来历凭证1',
```

```
pzbh1 varchar(20)  DEFAULT NULL COMMENT '凭证编号1',
llpz2 char(1)  DEFAULT NULL COMMENT '来历凭证2',
pzbh2 varchar(20)  DEFAULT NULL COMMENT '凭证编号2',
xsdw varchar(64)  DEFAULT NULL COMMENT '销售单位',
xsjg int(8) DEFAULT NULL COMMENT '销售价格',
xsrq datetime DEFAULT NULL COMMENT '销售日期',
jkpz char(1)  DEFAULT NULL COMMENT '进口凭证',
jkpzhm varchar(20)  DEFAULT NULL COMMENT '进口凭证编号',
hgzbh varchar(20)  DEFAULT NULL COMMENT '合格证编号',
nszm char(1)  DEFAULT NULL COMMENT '纳税证明',
nszmbh varchar(20)  DEFAULT NULL COMMENT '纳税证明编号',
gxrq datetime DEFAULT NULL COMMENT '更新日期',
xgzl varchar(256)  DEFAULT NULL COMMENT '相关资料',
qmbh varchar(15)  DEFAULT NULL COMMENT '前膜编号',
hmbh varchar(15)  DEFAULT NULL COMMENT '后膜编号',
bz varchar(128)  DEFAULT NULL COMMENT '备注',
jyw varchar(256)  DEFAULT NULL COMMENT '校验位',
zsxzqh varchar(10)  DEFAULT NULL COMMENT '住所行政区划',
zsxxdz varchar(128)  DEFAULT NULL COMMENT '住所详细地址',
yzbm1 varchar(6)  DEFAULT NULL COMMENT '住所邮政编码',
lxdh varchar(20)  DEFAULT NULL COMMENT '联系电话',
zzz varchar(18)  DEFAULT NULL COMMENT '暂住居住证明',
zzxzqh varchar(10)  DEFAULT NULL COMMENT '暂住行政区划',
zzxxdz varchar(128)  DEFAULT NULL COMMENT '暂住详细地址',
yzbm2 varchar(6)  DEFAULT NULL COMMENT '暂住邮政编码',
zdyzt varchar(10)  DEFAULT NULL COMMENT '自定义状态',
yxh varchar(14)  DEFAULT NULL COMMENT '原机动车序号',
cyry varchar(30)  DEFAULT NULL COMMENT '查验人员',
dphgzbh varchar(20)  DEFAULT NULL COMMENT '底盘合格证编号',
sqdm char(12)  DEFAULT NULL COMMENT '社区代码',
clyt char(2)  DEFAULT NULL COMMENT '车辆用途',
ytsx char(1)  DEFAULT NULL COMMENT '用途属性',
dzyx varchar(32)  DEFAULT NULL COMMENT '电子邮箱',
xszbh varchar(20)  DEFAULT NULL COMMENT '行驶证证芯编号',
sjhm varchar(20)  DEFAULT NULL COMMENT '手机号码',
jyhgbzbh varchar(20)  DEFAULT NULL COMMENT '检验合格标志',
dwbh varchar(14)  DEFAULT NULL COMMENT '单位编号',
UNIQUE INDEX idx_unq_veh(hphm, hpzl),
INDEX ref_index(hphm),
```

```
      INDEX idx1(hphm, sfzmhm),
      INDEX idx2(hphm)
   ) ENGINE = SCSEng CHARACTER SET = utf8 COLLATE = utf8_bin COMMENT = '机动
车登记信息表'.

   CREATE TABLE drivinglicense  (
   dabh char(12)  NOT NULL COMMENT '档案编号',
   sfzmhm varchar(18)  NOT NULL COMMENT '身份证明号码',
   zjcx varchar(15)  DEFAULT NULL COMMENT '准驾车型',
   yzjcx varchar(30)  DEFAULT NULL COMMENT '原准驾车型',
   qfrq datetime NOT NULL COMMENT '下一清分日期',
   syrq datetime DEFAULT NULL COMMENT '下一审验日期',
   cclzrq datetime NOT NULL COMMENT '初次领证日期',
   ccfzjg varchar(10)  DEFAULT NULL COMMENT '初次发证机关',
   jzqx char(1)  NOT NULL COMMENT '驾证期限',
   yxqs datetime NOT NULL COMMENT '有效期始',
   yxqz datetime NOT NULL COMMENT '有效期止',
   ljjf int(3) NOT NULL COMMENT '累积记分',
   cfrq datetime DEFAULT NULL COMMENT '超分日期',
   xxtzrq datetime DEFAULT NULL COMMENT '学习通知日期',
   bzcs int(2) NOT NULL COMMENT '补证次数',
   zt varchar(6)  NOT NULL COMMENT '驾驶证状态',
   ly char(1)  NOT NULL COMMENT '驾驶人来源',
   jxmc varchar(64)  DEFAULT NULL COMMENT '驾校名称',
   jly varchar(30)  DEFAULT NULL COMMENT '教练员',
   xzqh varchar(10)  NOT NULL COMMENT '行政区划',
   xzqj varchar(10)  DEFAULT NULL COMMENT '乡镇区局',
   fzrq datetime NOT NULL COMMENT '发证日期',
   jbr varchar(30)  DEFAULT NULL COMMENT '经办人',
   glbm varchar(12)  NOT NULL COMMENT '管理部门',
   fzjg varchar(10)  NOT NULL COMMENT '发证机关',
   gxsj datetime NOT NULL COMMENT '更新时间',
   lsh varchar(13)  DEFAULT NULL COMMENT '流水号',
   xgzl varchar(15)  DEFAULT NULL COMMENT '相关资料',
   bz varchar(256)  DEFAULT NULL COMMENT '备注',
   jyw varchar(256)  DEFAULT NULL COMMENT '校验位',
   ydabh char(12)  DEFAULT NULL COMMENT '原档案编号',
   sqdm varchar(12)  DEFAULT NULL COMMENT '社区代码',
   zxbh char(13)  DEFAULT NULL COMMENT '证芯编号',
```

```
    xh char(15)  NOT NULL COMMENT '序号',
    sfzmmc char(1)  DEFAULT NULL COMMENT '身份证明名称',
    hmcd char(1)  DEFAULT NULL COMMENT '号码长度',
    xm varchar(30)  DEFAULT NULL COMMENT '姓名',
    xb char(1)  DEFAULT NULL COMMENT '性别 1 男 2 女',
    csrq datetime DEFAULT NULL COMMENT '出生日期',
    gj char(3)  DEFAULT NULL COMMENT '国籍',
    djzsxzqh varchar(10)  DEFAULT NULL COMMENT '登记住所行政区划',
    djzsxxdz varchar(128)  DEFAULT NULL COMMENT '登记住所详细地址',
    lxzsxzqh varchar(10)  DEFAULT NULL COMMENT '联系住所行政区划',
    lxzsxxdz varchar(128)  DEFAULT NULL COMMENT '联系住所详细地址',
    lxzsyzbm varchar(6)  DEFAULT NULL COMMENT '联系住所邮政编码',
    lxdh varchar(20)  DEFAULT NULL COMMENT '联系电话',
    sjhm varchar(20)  DEFAULT NULL COMMENT '手机号码',
    dzyx varchar(30)  DEFAULT NULL COMMENT '电子邮箱',
    zzzm varchar(18)  DEFAULT NULL COMMENT '暂住证明',
    zzfzjg varchar(30)  DEFAULT NULL COMMENT '暂住发证机关',
    zzfzrq datetime DEFAULT NULL COMMENT '暂住发证日期',
    sfbd char(1)  DEFAULT NULL COMMENT '是否本地',
    dwbh varchar(14)  DEFAULT NULL,
    syyxqz datetime DEFAULT NULL COMMENT '审验有效期止',
    xczg char(1)  DEFAULT '0' COMMENT '校车驾驶资格 1 有 0 无',
    xczjcx varchar(15)  DEFAULT NULL COMMENT '校车资格准驾车型',
    ryzt char(1)  DEFAULT NULL COMMENT '人员状态。0：正常；1：有吸毒记录',
    sxbj char(1)  DEFAULT NULL COMMENT '实习标记 1 是 2 否',
    xzcrq datetime DEFAULT NULL COMMENT '需转出日期',
    sxqksbj char(1)  DEFAULT NULL COMMENT '实习期考试标记 0 未参加 1 参加',
    UNIQUE INDEX xh(xh, sfzmhm),
    INDEX ref_index(sfzmhm)
) ENGINE = SCSEng CHARACTER SET = utf8 COLLATE = utf8_bin COMMENT = '驾驶
```
证登记信息表'.

6.4.3　案例实现

1. 交通流量分析

分析 7 天内，每个卡口的每个时段的交通流量，从而掌握市区各路段的各时段的交通
拥堵情况，示例如下：

```
SCSDB> select kdbh,date_format(gcsj, '%H') as sd,count(*) cnt
    -> from catchinfo
```

```
    -> where gcsj >= '2018-02-21 00:00:00' and gcsj < '2018-02-27 23:59:59'
    -> group by kdbh,sd;
+-------+------+-----+
| kdbh  | sd   | cnt |
+-------+------+-----+
| 12201 | 00   |   6 |
| 12201 | 01   |  12 |
| 12201 | 02   |   8 |
| 12201 | 03   |   8 |
| 12201 | 04   |   7 |
| 12201 | 05   |   7 |
| 12201 | 06   |   5 |
```

2. 假牌车分析

分析 7 天内,活跃在路面上的假牌车。其中假牌车是指挂了深圳牌照(以"粤 B"开头),但该车牌没有在 vehicle 表中登记。在 7 天内在路面上抓拍次数大于 7 次的定义为活跃车辆,示例如下。

```
SCSDB> SELECT hphm,count(*) AS cnt
    -> FROM catchinfo a
    -> where hphm like '粤B%' and not exists (select hphm from vehicle b where
b.hphm = a.hphm)
    -> group by hphm
    -> having cnt > 7;
+------------+-----+
| hphm       | cnt |
+------------+-----+
| 粤B1P879HY |  10 |
| 粤B1PPWZHY |   8 |
+------------+-----+
```

3. 隐患驾驶分析

分析、查询驾驶证状态为"G"(注销)但名下车辆在 2018 年 2 月份有行驶记录的驾驶人的姓名、身份证、号牌号码、号牌种类,示例如下。

```
SCSDB> select b.syr,a.sfzmhm,b.hphm,b.hpzl,a.lxzsxxdz
    -> from drivinglicense a join vehicle b on a.sfzmhm=b.sfzmhm join
catchinfo c on b.hphm=c.hphm
    -> where gcsj >= '2018-02-01 00:00:00' and gcsj <= '2018-02-28 23:59:59'
and a.zt='G'
    -> ;
+--------+-------------------+--------------+------+---------+
```

```
| syr      | sfzmhm             | hphm        | hpzl | lxzsxxdz |
+----------+--------------------+-------------+------+----------+
| 唐XX     | 395339197110264495 | 皖 H4VAEZHY | 10   | NULL     |
| 赵XX     | 410422199202025677 | 粤 B1WZWKHY | 10   | NULL     |
| 空XX     | 130204198411098498 | 粤 B1PFK5HY | 10   | NULL     |
| 明XX     | 360602196904107914 | 粤 B1MPKEHY | 10   | NULL     |
| 郦XX     | 341022196502125175 | 粤 B1RXIXHY | 10   | NULL     |
+----------+--------------------+-------------+------+----------+
```

4．车辆所属地分析

分析 2018 年 2 月份深圳市区路面上运行的车辆所属地分布，为"限外限行"提供数据依据，示例如下。

```
SCSDB> select substring(hphm, 1, 2) ssd, count(*) cnt
    -> from (select  hphm
    -> from catchinfo where gcsj >= '2018-02-01 00:00:00' and gcsj <=
'2018-02-28 23:59:59' group by hphm) a
    -> group by ssd
    -> order by cnt desc
    -> ;
+------+-------+
| ssd  | cnt   |
+------+-------+
| 粤 B | 10002 |
| 粤 A | 419   |
| 粤 S | 307   |
| 粤 V | 127   |
| 粤 D | 124   |
| 粤 R | 123   |
| 粤 W | 123   |
| 粤 E | 117   |
| 粤 N | 116   |
| 粤 Q | 115   |
| 粤 M | 114   |
| 粤 C | 112   |
| 粤 P | 112   |
```

5．车辆模糊查询

对已掌握到涉案车辆的部分车牌号以及涉案车辆出现过的时间、地点等线索，进一步排查出涉案车辆，梳理线索。例如查询 2018 年 2 月 22 日 10 点到 12 点之间，经过卡点编号为 12301，12304，12305，且包含"粤 B1"开头的车辆的号牌号码、过车时间、卡点编号等信息，示例如下。

```
SCSDB> select hphm,gcsj,kdbh
    -> from catchinfo
    -> where kdbh in(12301,12304,12305) and gcsj between '2018-02-22
10:00:00' and '2018-02-22 12:00:00' and hphm like '粤B1%';
+-------------+---------------------+-------+
| hphm        | gcsj                | kdbh  |
+-------------+---------------------+-------+
| 粤B1T1FSHY  | 2018-02-22 10:16:31 | 12301 |
| 粤B1T1FSHY  | 2018-02-22 10:26:11 | 12304 |
| 粤B1T1FSHY  | 2018-02-22 11:26:11 | 12305 |
```

本 章 小 结

　　本章结合公安交通大数据应用案例来介绍如何进行表设计，以保证数据存储的高效性，同时通过介绍如何设计高效的SQL语句，以保障快速地进行公安交通大数据的查询与分析。Top、free、ps、iostat、netstat这些命令能够协助运维人员监控机器的CPU、内存、磁盘、网络等资源使用状况。数据库运维人员可以使用查看集群任务(或查看数据节点任务)命令来检查当前系统中正在运行的SQL是否正常，若发现SQL运行异常，可以通过杀死集群任务(或杀死数据节点任务)来终止相关SQL的运行。查看并分析SQL执行计划是SQL调优的关键工作，主要内容包括：分析SQL执行计划是否是合理的，是否高效和充分地利用了索引功能；根据分析结果来调优SQL语句。另外，还可以通过索引设计、设置表partition分区、读写分离、表空洞修复等手段有效提升数据库的性能。

第7章 数据导入与导出

对公安交通大数据进行数据挖掘、分析的首要环节是需要将不同来源(如监控抓拍、网吧、铁路、民航等)的数据汇总到一个统一的数据资源池,才能充分地挖掘、分析数据间隐藏的各种关系和分布规律。由于公安交通管理数据采集的多样化,既有设备产生的数据,也有人工录入的数据,还有系统生成的各类数据等,这就难免会产生一些无效的、缺失的或错误的数据(或称之为脏数据),如果任由这些脏数据直接进入大数据资源池,势必会对后续的大数据分析带来困难。因此,如何对公安交通大数据质量进行有效管控是值得研究的一个重要问题。

SCSDB 提供了强大的数据质量管控同步工具 SYNCD,并提供 SOURCE 命令、LOAD DATA 命令及可视化"易镜"进行数据的导入导出,从而保障数据本身的质量,同时支持主流的 ETL 工具 Informatica 及 kettle 等通过 MySQL ODBC 驱动操作数据。

下面将详细介绍如何使用上述工具在不同的场景下进行数据的导入与导出。

7.1 使用 SOURCE 命令导入数据

SCSDB 提供了 SOURCE 命令来导入 SCSQL 文件。

SOURCE 命令语法如下:

```
SOURCE
    [CHARACTER SET char_name]
    [LINES TERMINATED BY 'terminate_string']
    filename[,filename]...


char_name:
    utf8 | gbk


terminate_string:
    . | ;
```

语法说明如下:

(1) CHARACTER SET char_name 为导入文件的字符编码选项。char_name 默认为 utf8,可选项为 utf8 和 gbk。

(2) LINES TERMINATED BY 'terminate_string' 为导入文件的 SCSQL 语句结束符选项,默认为英文句号。可选项为英文句号和英文分号。

(3) filename 为导入的 SCSQL 文件的文件名。可以同时导入多个 SCSQL 文件，并以英文逗号分隔。

SCSQL 文件说明：

① 如果行尾是 SCSQL 语句结束符，表示该 SCSQL 语句结束。

② 文件一行不能包含多条 SCSQL 语句。

③ 一条 SCSQL 语句可以占文件多行，但是多行语句会以空格连接起来。所以把 SCSQL 语句分隔成多行需要谨慎考虑。

④ SCSQL 文件中以 # 开头的行会被当做注释，执行时会被忽略。

⑤ SCSQL 文件一行内容长度不能超过 1 048 576 个字符。

★ 用法示例：

首先编辑 SCSQL 文件 t1.sql：

```
#创建 t1 表，插入简单数据
drop table if exists t1.
create table t1 like catchinfo.
insert into t1(kdbh, gcsj, hphm, hpys, hpzl, cthphm, cthpys, csys, clsd,
cwhphm, cwhpys, cllx, sbbh, clpp, rksj) values
(12216, '2018-02-19 09:02:53', '粤A4JAIGHY', 12301, 10013, '粤A4JAIGHY',
12301, 10401, 178, '粤A4JAIGHY', 12301, 10308, 12407, '少林', '2015-01-01
16:56:00'),
(12224, '2018-02-27 08:56:15', '粤B22DJQHY', 12304, 10007, '粤B22DJQHY',
12304, 10402, 100, '粤B22DJQHY', 12304, 10305 ,12402, '皇冠', '2015-01-28
22:01:00').
```

然后执行 SOURCE 命令：

```
hcloud>source /home/sql/t1.sql .
Query OK, 2 rows Affected (0.07890 sec)
```

如果没有错误提示，并且显示影响行数(文件中最后一条 SCSQL 语句为影响行数)，说明 SOURCE 命令执行成功。

最后查询表，确认 t1.sql 文件中的所有 SCSQL 语句都得到执行：

```
hcloud>select * from t1.
+--------------+--------------+--------------+--------------+
|gcxh          |kdbh          |cdbh          |gcsj          |
+              +              +              +              +
|hphm          |hpys          |hpzl          |cthphm        |
+              +              +              +              +
|cthpys        |csys          |tplx          |tp            |
+              +              +              +              +
|splx          |sp            |clsd          |cwhphm        |
+              +              +              +              +
```

```
|cwhpys            |cllx             |sbbh            |fxbh            |
+                 +                +               +               +
|clpp              |rksj             |hpyz            |clxs            |
+                 +                +               +               +
|xszt              |clwx             |byzd1           |byzd2           |
+                 +                +               +               +
|byzd3             |sys_filename     |sys_pch         |
+-------------+----------------+--------------+--------------+
|NULL              |12224            |NULL            |2018-02-27 08:56:1|
|                 |                |               |5              |
+                 +                +               +               +
|粤 B22DJQHY       |12304            |10007           |粤 B22DJQHY     |
+                 +                +               +               +
|12304             |10402            |NULL            |NULL            |
+                 +                +               +               +
|NULL              |NULL             |100             |粤 B22DJQHY     |
+                 +                +               +               +
|12304             |10305            |12402           |NULL            |
+                 +                +               +               +
|皇冠              |2015-01-28 22:01:0|NULL           |NULL            |
|                 |0               |               |               |
+                 +                +               +               +
|NULL              |NULL             |NULL            |NULL            |
+                 +                +               +               +
|NULL              |NULL             |NULL            |
+-------------+----------------+--------------+--------------+
|NULL              |12216            |NULL            |2018-02-19 09:02:5|
|                 |                |               |3              |
+                 +                +               +               +
|粤 A4JAIGHY       |12301            |10013           |粤 A4JAIGHY     |
+                 +                +               +               +
|12301             |10401            |NULL            |NULL            |
+                 +                +               +               +
|NULL              |NULL             |178             |粤 A4JAIGHY     |
+                 +                +               +               +
|12301             |10308            |12407           |NULL            |
+                 +                +               +               +
|少林              |2015-01-01 16:56:0|NULL           |NULL            |
|                 |0               |               |               |
+                 +                +               +               +
|NULL              |NULL             |NULL            |NULL            |
```

```
+-------------+-------------+-------------+-------------+-------------+
|NULL         |NULL         |NULL         |             |             |
+-------------+-------------+-------------+-------------+-------------+
Query OK,Totally:2 lines (0.02749 sec)
```

7.2　使用重定向功能导出数据

SCSDB 控制台客户端程序提供了查询结果集重定向功能，可以方便地将查询结果集导出到 csv 文件中，方便用户进行小数据量的数据导出。

使用>>进行查询结果集重定向，如下所示：

```
statement >> file
```

参数说明：

(1) statement 是要执行的 SCSQL 语句，包括 SELECT/SHOW 等有查询结果集的语句。>>是重定向符号。

(2) file 是重定向目标文件。文件名必须包含字母。如果重定向文件 file 没有指定目录，文件默认存储在当前路径下。目标文件是 csv 文件格式，包括符是双引号，字段分隔符是逗号，转义符是反斜线，行分隔符是回车换行符(即 \r\n)。

查询 catchinfo 表的数据，并将查询结果集输出到 catchinfo.csv 文件中：

```
hcloud>select gcsj,hphm,hpys from catchinfo limit 5>> catchinfo.csv.
Query OK, 0 rows Affected (0.00882 sec)
```

执行成功，退出客户端，查看 catchinfo.csv 文件内容，如下所示：

```
"gcsj","hphm","hpys"
"2018-02-19 00:01:51","粤 B23CGPHY","12302"
"2018-02-19 00:00:04","粤 F4TL11HY","12304"
"2018-02-19 00:04:47","粤 B1NI29HY","12304"
"2018-02-17 01:33:22","粤 E4AT0BHY","12304"
"2018-02-19 00:05:18","粤 B1OSP1HY","12302"
```

第一行是列名。第二行之后(包括第二行)是结果集数据。

7.3　使用 LOAD DATA 命令导入数据

SCSDB 提供了 LOAD DATA 命令来简单、快速地导入 CSV 文件数据。

LOAD DATA 命令的语法如下：

```
LOAD DATA INFILE 'file_name'
[REPLACE | IGNORE]
   INTO TABLE tbl_name
   [CHARACTER SET charset_name]
   [{FIELDS | COLUMNS}
```

```
        [TERMINATED BY 'string']
        [[OPTIONALLY] ENCLOSED BY 'char']
        [ESCAPED BY 'char']
    ]
    [LINES
        TERMINATED BY 'string'
    ]
    [IGNORE number LINES]
```

LOAD DATA 语句从 file_name 文件中读取记录，并把它们批量加载到 tbl_name 表中。

参数说明：

(1) file_name：需要导入的 CSV 文件名。若其为绝对路径，则在该路径下寻找文件。若为相对路径，则从当前目录进去查找文件。

(2) 对于那些会导致唯一索引里出现重复值的行，如果指定了 REPLACE，则后出现的行将替换掉已有的行。如果指定了 IGNORE，则忽略后出现的行。如果两者均未出现，默认为 IGNORE。

(3) tbl_name：最终存储数据的表的表名。

(4) charset_name：文件编码字符集，可以为 GBK 或 UTF8。

(5) 如果给出了 FIELDS|COLUMNS 子句，则至少还需给出 TERMINATED、ENCLOSED 或 ESCAPED 中的一个。

(6) TERMINATED BY 的值指定的是用于分割行里的各个值的字符，即列分隔符，默认为英文逗号(,)。

(7) ENCLOSED BY 的值指定的是引号字符，即列包括符，默认为英文双引号(″)。

(8) ESCAPED BY 的值指定的是如何对特殊字符进行转义，即转义字符，默认为英文反斜线(\)。

(9) 如果给出了 LINES 子句，则必须出现 TERMINATED BY，表明每行数据之间以什么字符进行分割，即行分隔符，默认为回车换行符(\r\n)。

(10) 如果指明了 IGNORE number LINES，则表明前 number 行将会被删掉。如文件第一行是列标题，则使用 IGNORE 1 LINES 子句即可忽略掉第一行。

导入本章 7.2 小节重定向导出的 CSV 文件。

★ 用法示例：

```
hcloud>create table gcb select gcsj,hphm,hpys from catchinfo limit 0.
Query OK, 0 rows Affected (0.02888 sec)
hcloud>load data infile 'gcb.csv'
    ->into table gcb
    ->ignore 1 lines.
Query OK, 5 rows Affected (0.02888 sec)
```

执行成功，查看表数据如下：

```
hcloud>select * from gcb.
```

```
+----------------+---------------+----------------+
|gcsj            |hphm           |hpys            |
+----------------+---------------+----------------+
|2018-02-19 00:01:5|粤 B23CGPHY       |12302          |
|1               |               |                |
+----------------+---------------+----------------+
|2018-02-19 00:00:0|粤 F4TL11HY       |12304          |
|4               |               |                |
+----------------+---------------+----------------+
|2018-02-19 00:04:4|粤 B1NI29HY    |12304          |
|7               |               |                |
+----------------+---------------+----------------+
|2018-02-17 01:33:2|粤 E4AT0BHY    |12304          |
|2               |               |                |
+----------------+---------------+----------------+
|2018-02-19 00:05:1|粤 B1OSP1HY    |12302          |
|8               |               |                |
+----------------+---------------+----------------+
Query OK,Totally:5 lines (0.03707 sec)
```

7.4　使用易镜进行数据的导入和导出

易镜支持表结构和表数据的导入和导出。

7.4.1　数据导入

（1）易镜支持导入 SCSQL 脚本文件。

（2）在表概况页面点击【导入】，可以添加一个或多个 SCSQL 脚本文件进行导入工作，如图 7-1 所示。

图 7-1　易镜导入

注：如果只导入数据，需保证导入数据的表已存在于当前数据库中，否则会执行失败。

7.4.2　数据导出

（1）易镜支持导出表结构和表数据到本地。

（2）在表概况页面点击【导出】，导出表结构为 SCSQL 脚本文件，导出表数据可以选择 SCSQL 脚本文件或 CSV 文件；可以对一个或多个表进行导出操作；也可以在表数据量(行)里输入要导出这张表的多少数据量，如图 7-2 所示。

图 7-2　易镜的导出

7.5　使用 SYNCD 进行数据同步

7.5.1　功能介绍

从数据源抽取数据主要有全量抽取和增量抽取两种方式。全量抽取类似于数据迁移或数据复制，它将数据源的数据一次性抽取过来，抽取完成后，任务就结束了，它将不再关心数据源数据的变化。增量抽取指抽取自上次抽取后数据源中新增、修改、删除的数据。增量抽取的关键是如何捕获变化的数据。增量抽取是一个长期的任务，它不断捕获数据源变化的数据，并将其抽取到目标表中。

SYNCD 是一款数据增量抽取工具，它以一定的抽取频率，将数据源的增量数据抽取到 SCSDB 中，以实现 SCSDB 和数据源的数据同步，故而也把 SYNCD 称为同步工具。SYNCD 能够从不同的数据源，如 Oracle、SCSDB、MySQL、CSV 文件以及 KAFKA 消息队列，按照用户所指定的抽取方式以及抽取条件将数据抽取到 SCSDB。数据抽取示意图如图 7-3 所示。

SYNCD 工具的主要功能如下：

· 支持多种数据源：包括 Oracle、MySQL、SCSDB、CSV 文件和 KAFKA 消息队列。

- 支持多种抽取目标：包括 SCSDB 和 CSV 文件。
- 支持多种同步方式：st_all(全表同步)，st_lately(近期数据同步)，st_update(时间戳增量同步)，st_csv(从 CSV 文件抽数据)，st_kafka(从消息队列抽数据)。
- 数据清洗。有两种数据清洗的方法：

一是在数据源端进行数据查询的时候，用户通过编写自定义的 SCSQL 查询语句，实现对数据源的数据清洗。如 select * from catchinfo where hphm is not null，抽取号牌识别信息表时，过滤掉 hphm 为空的数据。

二是数据进入 SCSDB 后，用户可通过配置项 filter_sql(后面会介绍该配置项)来编写数据清洗的 SCSQL 语句，实现在目标库 SCSDB 中对新数据的数据清洗。

- 过程信息入库：SYNCD 会将抽取任务的过程信息记录到一张同步信息表(后面会专门介绍这张表)中，包括任务的开始时间、结束时间、抽取的数据量、抽取的速度等信息，这样方便用户对抽取的过程进行监控。
- 多线程：为了加快数据写入目标表的速度，SYNCD 工具采用了多线程的方式进行数据写入。
- 定时执行：用户可以根据自己的需求制定抽取任务的开始执行时间和抽取周期。
- 输出日志：抽取任务的执行过程中，会把重要的过程信息写入日志中，用于用户了解任务的执行状态和排查任务的出错原因。

同步工具数据抽取工作流程图如图 7-4 所示。

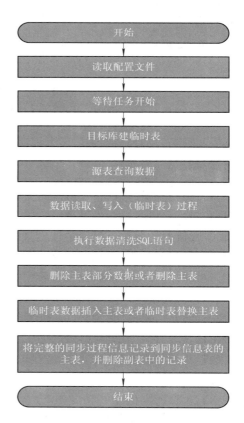

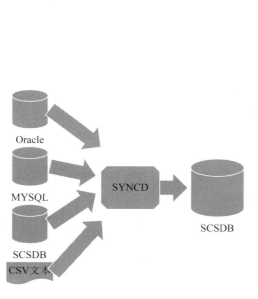

图 7-3　SYNCD 数据抽取示意图　　　　　　图 7-4　数据抽取工作流程图

7.5.2　工具安装

SYNCD 作为 SCSDB 的一个数据同步组件，在安装 SCSDB 时已经一起安装。用户可通过 syncd -v 命令来确认机器上是否已安装 SYNCD，如下所示：

```
# syncd -v
Version:4.6.0
```

如果机器上还没有安装 SYNCD，用户可通过以下步骤来快速安装。解压 SYNCD 安装包，进入目录执行 install.sh 脚本安装，如下所示：

```
# tar xzvf sync_v4.6.0.tar.gz
# cd sync_v4.6.0/
# ./install.sh
```

安装完成后使用 syncd --help 查看 SYNCD 的帮助信息。

```
# syncd --help
Usage:
syncd -c configfile [--front] [-l loglevel]
    --config,-c  :必选参数,用于指定配置文件路径,若不带路径则默认从/etc/scs/syncd
                  下去查找指定的文件名
    --front,-f   :可选参数,加上此选项表示使同步工具在前台执行,否则以守护进程在后台
                  执行
    --loglevel,-l :可选参数,loglevel 可以是如下几种之一{DEBUG|INFO|WARN|
                  ERROR}用于设置日志等级,DEBUG->ERROR 逐渐升高。
                  程序不会输出低于日志等级的日志,默认是 INFO 等级

or

syncd -vh
    --version,-v : 输出本程序当前的版本
    --help,-h    : 查看本帮助信息
```

帮助信息详细介绍了运行 SYNCD 工具的各个参数及含义。其中 -c 选项指定配置文件，SYNCD 抽取数据需要的参数都在配置文件中进行配置。安装完成后配置文件模板默认保存在 /etc/scs/syncd 目录下。后面将详细介绍该配置文件的内容。

安装成功之后，在进行数据抽取之前，需要先创建 SYNCD 运行时所需要的系统表。进入软件解压目录后，有一个 syncinfo.sql 文件，该文件包含系统表的建表语句，可以使用 source 命令来执行该文件。SYNCD 运行时，会将配置文件信息和同步任务信息记录到这几张表中，这几张表所在的数据库称为日志库(后续会详细介绍)。建立系统表如下所示：

```
scsdb>create database logdb.
Query OK, 0 rows Affected (0.04200 sec)
scsdb>use logdb.
```

```
Query OK, Database Changed (0.01801 sec)
logdb>source syncinfo.sql.
Query OK, 0 rows Affected (0.03755 sec)
Query OK,Totally:1 lines (0.01191 sec)
logdb>show tables.
+------------------+
|Tables            |
+------------------+
|scs_sync_des      |
+------------------+
|scs_sync_info_tabl|
|e_offline         |
+------------------+
|scs_sync_info_tabl|
|e_online          |
+------------------+
|scs_sync_task_des |
+------------------+
Query OK,Totally:4 lines (0.00118 sec)
```

7.5.3 工具使用

1．工具启动

由上一节可以了解到 SYNCD 通过配置文件来设置数据抽取任务。在配置完成后直接使用 syncd 命令即可启动同步任务。例如已经编写好了抽取过程表的配置文件 /etc/scs/syncd/catchinfo.conf，那么执行 syncd -c /etc/scs/syncd/catchinfo.conf 即开始数据同步：

```
# syncd -c /etc/scs/syncd/catchinfo.conf
```

SYNCD 默认是以守护进程的方式运行，加上-f 则在终端运行，如下所示：

```
# syncd -c /etc/scs/syncd/catchinfo.conf -f
```

2．配置文件介绍

配置文件详细描述了用户如何把数据从源抽取到目标。该配置文件保存了源库、目标库、日志库(存放抽取任务过程信息的数据库)、同步任务等信息，完全由用户自己配置。下面详细介绍配置文件的各个配置域。

配置文件模板形式如下：

```
[global]
scssync_id=1590
write_thread_num=3
insert_statement_size=2097152
```

```
write_buffer_size=40000
statistic_table=0
log_db=db3
init_timeout=1800
sync_timeout=3600
merge_timeout=7200
end_timeout=1800
auto_clean_interval=24
auto_clean_expire=2160

[db0]
type=scsdb2.0
hosts=192.168.0.91
user=SCS
pwd=123456
db=hcloud

[db1]
type=oracle
user=hdq
pwd=123456
constr=//192.168.0.17:1521/ORCL
charset=ZHS16GBK
oracle_pre_row_count=10000

[db2]
type=csv
path=/home/
line_terminated=\n
field_terminated=,
enclosed="
escaped=\
charset=GBK

[db3]
type=scsdb2.0
hosts=192.168.0.91
user=SCS
pwd=123456
```

```
db=logdb

[sync0]
src_table=db1:src_table
dst_table=db0:dst_table
sync_type=st_all
src_select_statement="select * from src_table"
force_extract=false
src_select_count_statement="select count(*) from src_table"
sync_start_time=2014-06-02 22:00:00
sync_interval_time=100
ignore_insert_error=1
filter_sql_num=1
filter_sql0="update %dst_table% set columnA=0 where columnA is null"
```

1) global 配置域说明

配置文件中只能有一个 global 域。global 域描述了全局的配置信息，包含了所有抽取任务需要的公共配置信息，包括写线程数量、INSERT 语句大小等。各个配置项的解释如下：

syncd_id：同步实例的 id，需要确保每个同步实例的 id 是唯一的。

log_path：日志文件存放路径，默认值为 /var/scs/logs/sync/。

write_thread_num：写线程数量，默认 3，若小于 1 则使用默认值。

insert_statement_size：向目标库插入时的 insert 语句大小(单位：字节)，默认为 2097152 字节(即 2M)，若小于 1024 字节则使用默认值。通常情况下，使用默认值即可。

write_buffer_size：写线程的缓存队列大小(单位：记录行数)。在抽取过程中采用一读多写的方式以提升抽取性能，一个写线程配备一个缓存队列。默认为 40000 行，若小于 100 行则使用默认值。通常情况下，使用默认值即可。

statistic_table：同步完成后是否统计源表、目标表的数据量。1 表示统计，0 表示不统计，默认 0 不统计。

log_db：记录同步过程信息、配置文件信息的数据库，仅支持 SCSDB。

init_timeout：同步任务初始化超时时间(单位：秒)，默认值为 1800。

sync_timeout：数据萃取和清洗超时时间(单位：秒)，默认值为 3600。

merge_timeout：数据合并超时时间(单位：秒)，默认值为 7200。

end_timeout：同步任务完成后进行日志记录、关闭连接等收尾工作的超时时间(单位：秒)，默认值为 1800。

auto_clean_interval：清理同步信息的周期，单位为小时，默认值为 24。

auto_clean_expire：同步信息的保留时间(单位：小时)。超过该时间的同步信息会被清理，默认值为 2160。

一般情况下，global 域用户只需要修改 syncd_id 和 log_db 这两个配置项，其他的使用默认值。

2) db 配置域说明

配置文件中可以有多个 db 域，比如 db0、db1 等，各个 db 域名称不能重复。db 域描述了各种数据库的连接信息，包括用户名、密码等，用于源库、目标库或者日志库。在此只选取 SCSDB 数据库、Oracle 数据库、CSV 文件三种类型的 db 域进行说明。其他数据库的 db 域可以参考配置文件模板。

(1) SCSDB 数据库。

★ 示例：

```
[db0]
type=scsdb2.0
hosts=192.168.0.91
user=SCS
pwd=123456
db=csvdb
```

配置项说明：

[db0]：配置域名称，必须以 db 开头，后面跟数字，多个 db 域名称不能重复。

type：数据库类型，可选项为 scsdb、oracle、csv、mysql。

hosts：数据库服务器，可以配置多个，以逗号分隔。

user、pwd：连接数据库的账号、密码。

db：数据库名称。

注：以下相同的配置项不再重复介绍。

(2) Oralce 数据库。

★ 示例：

```
[db1]
type=oracle
user=hdq
pwd=123456
constr=//192.168.0.17:1521/ORCL
charset=ZHS16GBK
oracle_pre_row_count=10000
```

配置项说明：

constr：连接 Oracle 服务器的连接字符串。service_name、SID 两种连接方式的连接字符串不一样。service_name 的连接字符串为：constr = //192.168.0.17:1521/service_name。sid 的连接字符串为：constr = (DESCRIPTION = (ADDRESS = (PROTOCOL = tcp)(HOST = 192.168.0.17)(PORT = 1521))(CONNECT_DATA=(SID=sid_name)))。

charset：服务器端的字符集，默认为 ZHS16GBK。

oracle_pre_row_count：读取 Oracle 结果集时，每次预读取的行数，默认为 10 000 行。

(3) CSV 文件。

★ 示例：

```
[db2]
type=csv
path=/home/
line_terminated=\n
field_terminated=,
enclosed="
escaped=\
charset=GBK
```

配置项说明：

path：CSV 文件存放路径。

line_terminated：行分隔符。

field_terminated：列分隔符。

enclosed：列包括符。

escaped：转义字符。

charset：文本字符编码格式，支持 GBK 和 UTF8。

3) sync 配置域说明

一个 sync 域描述了一个数据同步任务。一个配置文件中可以配置多个同步任务(比如 sync0，sync1 等)，但是同步任务名称不能重复，同步进程将顺序执行各个同步任务。SYNCD 提供了多种数据同步方式，需要根据不同的同步方式来修改配置文件。

SYNCD 的同步方式介绍如表 7-1 所示。

表 7-1　同步方式列表

同步方式	使 用 场 景
全表同步	用源表抽取到的全部数据替换目标表的数据，适合数据量在百万行以下的表
时间戳增量同步	把源表增加的数据抽取到目标表，适合数据量比较大的表
近期数据同步	抽取源表最近一段时间的数据，如果数据源删除了数据，可以用该同步方式进行同步，该同步方式不能单独使用，只能与时间戳增量同步搭配使用
CSV 文件同步	数据源是 CSV 文件时可以采用该同步方式

下面将详细介绍各种同步方式及配置文件对应的 sync 组如何编写。

7.5.4　同步方式

1. 全表同步(st_all)

1) 使用场景

对于数据量不大的数据表，可以考虑使用全表同步方式。如数据量在一百万行以下的数据表，可以使用全表同步，每天全表抽取一次。

2) 同步原理

全表同步，每次抽取所有数据，用抽取的新数据替换目标表中的旧数据。

每次抽取都会先把数据写入临时表，抽取完成后再用临时表替换目标表。若抽取失败则把临时表删除。

同步开始前会检查源表的更新时间，若源表的更新时间介于上一次全表抽取的时间和本次全表抽取的时间之间，则本次进行全表抽取；否则，本次不执行抽取。若无法获取源表的更新时间，则会比较源表、目标表的数据量。若两者数据量不一致，则进行数据抽取；否则，本次不进行数据抽取。这主要用来解决源表本没有数据更新，却又重新执行了数据抽取，白白浪费了系统资源的情况。

全表同步流程图如图 7-5 所示。

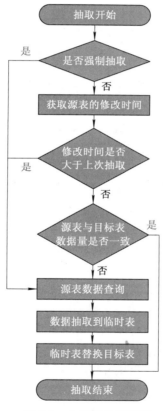

图 7-5　全表同步流程图

3) 相关配置介绍

对于全表同步任务，需要重点配置数据源信息、源表查询语句、源表数据量查询语句、抽取开始时间、抽取间隔时间以及清洗语句等配置信息，如下所示：

```
[sync0]
src_table=db1:CATCHINFO
dst_table=db0:catchinfo
```

```
sync_type=st_all
src_select_statement="select * from CATCHINFO"
force_extract=false
src_select_count_statement="select count(*) from CATCHINFO"
sync_start_time=2014-06-02 22:00:00
sync_interval_time=100
ignore_insert_error=1
filter_sql_num=1
filter_sql0="update %catchinfo% set hpys=hpys%5 where hpys>4"
```

[sync0]：同步任务标识符，不能重复。

src_table：抽取数据源。db1 是源库，代表前面的 db1 配置域描述的数据库连接。CATCHINFO 是源表名。

dst_table：抽取目标。db0 是目标库，代表前面 db0 配置域描述的数据库连接。catchinfo 是目标表名。

sync_type：同步方式。

src_select_statement：从源表抽取数据的查询语句。

force_extract：是否强制进行全表数据抽取的标志。若为 true，则不检查源表更新时间、源表和目标表的数据量情况，直接进行数据抽取；若为 false，则查源表更新时间、源表和目标表的数据量情况，根据检查结果来决定是否进行数据抽取。默认为 false。对于更新不频繁的数据表，建议设置为 false。

src_select_count_statement：从源表中获取数据量的 SCSQL 语句。

sync_start_time：同步进程开启后，第一次执行此同步任务的开始时间。请按照配置文件的格式书写，否则可能会造成无法正常同步。

sync_interval_time：同步周期，单位秒，即每隔多少秒执行一次同步任务。若为负数，表示本任务只执行一次。

ignore_insert_error：是否忽略插入出错，即插入出错时是否继续执行本次同步任务。1 表示插入出错继续执行同步，0 表示插入出错即中断本次同步任务，默认为 1。

filter_sql_num：数据抽取进入目标库后，进行数据清洗的 SCSQL 语句的数量。默认为 0，即不需要对抽取过来的数据进行清洗。

filter_sql0：具体数据清洗的 SCSQL 语句。同步时是先将数据抽取到新表，对新表执行清洗操作，然后合并到旧表。filter_sql 的 SCSQL 语句中的目标表名前后必须要加%。如上例中的 %catchinfo%。

2．时间戳增量同步(st_update)

1）使用场景

当源表数据量较大，且源表中存在更新标志字段时，就可以考虑使用时间戳同步方式。

2）同步原理

时间戳增量同步方式进行增量抽取时，通过比较数据的更新时间来决定需要抽取哪些数据。也就是每次抽取的数据区间范围为：数据更新时间大于上一次抽取时间，且小于当前最大时间。

时间戳增量同步方式要求源表有个字段来记录数据的更新时间(也就是数据 INSERT/UPDATE 的时间),该字段既可以是时间戳类型,也可以是其他能够表示存储数据更新时间的类型,如字符型等。通过该字段,可以区分出哪些数据是上一次抽取之后更新的数据。通常把这个字段称之为更新标志字段。

时间戳增量同步方式也可以用来增量抽取源表有增长序号的数据表,它们的原理是一样的。通过序号能够区分哪些数据是上一次抽取之后新增的数据。

(1) 只抽取源表中从上一次抽取之后插入或修改的数据,不浪费系统资源,减轻了系统的压力。

(2) 当源表有数据删除行为或数据延时上传行为时,会出现源表、目标表数据不一致的情况。这个时候就需要与下一节的 st_lately 同步方式搭配使用。

时间戳同步流程图如图 7-6 所示。

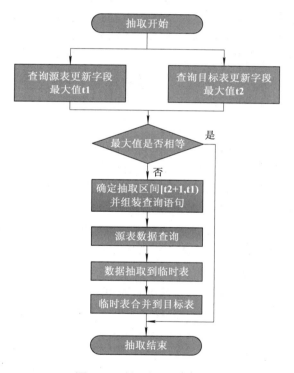

图 7-6　时间戳同步流程图

3) 相关配置介绍

对于时间戳增量同步任务,需要配置数据源、源表查询语句、源表最大值查询语句、时间戳字段(更新标志字段)、抽取开始时间及抽取间隔等配置信息,如下所示:

```
[sync0]
src_table=db1:CATCHINFO
dst_table=db0:catchinfo
sync_type=st_update
```

```
src_select_statement="select * from CATCHINFO where RKSJ >= '%llmt%' and
RKSJ < '%ulmt%'"
src_select_max_statement="select max(RKSJ) from CATCHINFO"
sync_update_column=rksj:RKSJ
sync_start_time=2014-06-02 22:00:00
sync_interval_time=150
ignore_insert_error=1
```

src_select_statement：查询源表数据的 SCSQL 语句。上、下限条件必须在 where 条件末尾，且用 and 与其他条件连接。如果目标表为空，则去掉用户配置 SCSQL 语句的下限条件。其中 %ulmt% 表示区间的上限值，它为源表更新字段的最大值；%llmt% 表示区间的下限值，它为目标表更新字段的最大值。SYNCD 先把 src_select_statement 语句中的 %ulmt% 和 %llmt% 替换为当前实际的上下限值，然后再去数据源查询数据。

sync_update_column：更新标志字段，格式为 src_column:dst_column。dst_column 是目标表的更新标志字段，SYNCD 获取目标表中该字段的最大值作为区间的下限值；rksj 是与 RKSJ 对应的源表的更新标志字段。

src_select_max_statement：从源表中获取更新标志字段最大值的 SCSQL 语句。

3. 近期数据同步(st_lately)

1) 使用场景

该同步方式一般不单独使用，通常和 st_update 同步方式配合使用。st_lately 同步方式与 st_update 同步方式搭配使用时，st_update 负责抽取源表中新变化且未抽取过的数据，而 st_lately 用来对近期已抽取过的那部分数据进行重抽，从而修订由于数据源近期数据的 DELETE 等非预期操作引起的源表、目标表数据不一致的问题。

比如 8 月 16 日凌晨已经抽取过了 8 月 15 日的数据，但源表在 8 月 16 日下午的时候又上传了一批 8 月 15 日的数据(或者删除了一部分 8 月 15 日的数据)，从而导致源表与目标表的数据不一致。这种情况下就需要 st_lately 同步方式定期地重抽近期数据，如定期重抽近 10 天的数据，这也就是近期数据同步方式的行为。

当源表数据量比较大，不适合使用全表同步方式，且源表的 INSERT/UPDATE/DELTE 操作的是近期的数据，那么就要考虑 st_update 同步方式与 st_lately 近期数据同步方式的搭配使用。

2) 同步原理

近期数据同步，用来抽取源表中最近一段时间的数据。这种方式先查询目标表中最新数据的时间戳(如 2017-08-15 15:00:00)，再根据用户配置的数据抽取的跨度(如 10 天)，得出本次数据抽取的区间为 2017-08-05 15:00:00 到 2017-08-15 15:00:00。

st_lately 同步方式抽取近期一段区间内的数据，区间上限来自于目标表的更新标志字段的最大值，区间下限通过上限值减去区间跨度值计算得到。

近期数据同步流程图如图 7-7 所示。

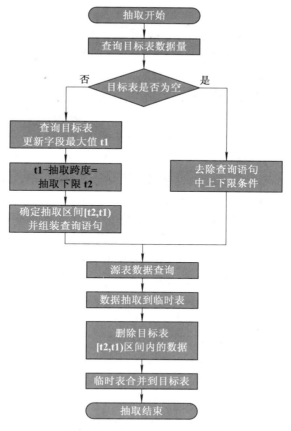

图 7-7　近期数据同步流程图

3) 相关配置介绍

对于近期数据同步任务，需要配置数据源、源表查询语句、时间戳字段、近期数据的区间跨度、数据量差量阈值、抽取开始时间及抽取间隔时间等配置信息，如下所示：

```
[sync0]
src_table=db1:CATCHINFO
dst_table=db0:catchinfo
sync_type=st_lately
src_select_statement="select * from CATCHINFO where RKSJ >= '%llmt%' and
RKSJ < '%ulmt%'"
sync_update_column=rksj:RKSJ
sync_differ=30day
only_check=no
resync_difference=1
src_select_count_statement=
sync_start_time=2014-06-02 22:00:00
sync_interval_time=100
```

```
ignore_insert_error=1
```

src_select_statement：查询源表数据的 SCSQL 语句。如图 7-7 近期数据同步流程图所示，SYNCD 程序删除目标表数据的区间为左闭右开，故 src_select_statement 配置的查询语句查询范围也应是左闭右开，否则会造成数据不一致。其中%ulmt%表示区间的上限值，它为目标表的更新标志字段的最大值；%llmt%表示区间的下限值，它为上限值减去用户配置的区间跨度值而计算得到的。SYNCD 先把 src_select_statement 语句中的%ulmt%和%llmt%替换为当前实际的上下限值，然后再去数据源查询数据。

sync_update_column：抽取近期部分数据时的更新标志字段，格式为src_column:dst_column。dst_column 是目标表的更新标志字段，SYNCD 获取目标表中该字段的最大值作为区间的上限值；src_column 是与 dst_column 对应的源表的更新标志字段。

sync_differ：近期数据的区间跨度。若带单位 day，则表示为抽取最近间隔多少天的数据；若不带单位，则表示抽取最近间隔多少序列号的数据。

only_check：此值配置成 yes 或者 no。若配置为 yes，则每次仅检查源表与目标表的近期数据的数据量是否一致，并输出检查结果，而不进行数据抽取；若为 no，则会根据检查结果而决定是否进行数据抽取(是否进行数据抽取还取决于 resync_difference 参数)。默认值为 no。

resync_difference：源表和目标表的近期数据的数据量差值大于该阈值时，则进行数据抽取，否则不进行数据抽取，默认值为 0。

4．CSV 文件同步(st_csv)

1) 使用场景

数据是以 CSV 文件的形式输送过来的，这种情况下就需要使用 CSV 文件同步方式了。

2) 同步原理

如果数据源的数据是以 CSV 文件的形式源源不断地输送过来的，那么就可以考虑使用 CSV 文本文件同步方式。该同步方式会查找指定目录下新的 CSV 文件，并将文件中的内容导入到目标库中。

用户可以设置文件名的匹配规则，只有文件名满足匹配规则的文件才会进行抽取。匹配规则用正则表达式来书写。

抽取成功后会删掉源 CSV 文件，若抽取失败则将该文件重命名为源文件名后加上".err"后缀。

支持 GBK 和 UTF8 编码格式的 CSV 文件。

文本文件同步流程图如图 7-8 所示。

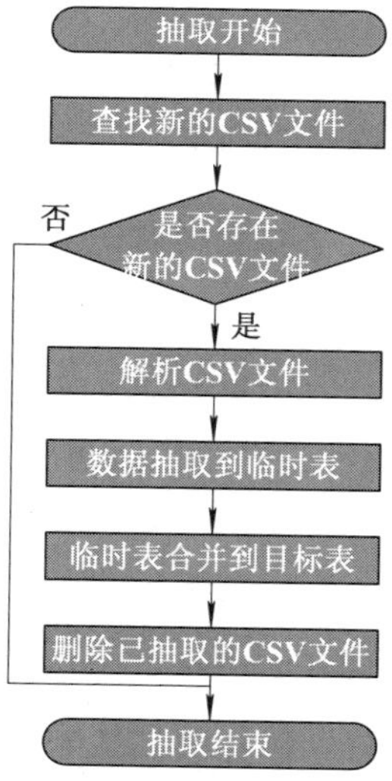

3) 相关配置介绍

图 7-8 文本文件同步流程图

对于 CSV 文件同步任务，需要配置 CSV 文件路径和匹配规则、每次读取的文件数量、CSV 文件列和目标表列的对应规则、抽取开始时间及抽取间隔等配置信息，如下所示：

```
[sync0]
```

```
src_table=db2:.*\.txt
dst_table=db0:catchinfo
sync_type=st_csv
#第一行是否为列名,1 为是列名，抽取时讲跳过这行
column_head=0
#每次任务最多读取多少个文件
read_file_count=1000
#列名与其对应规则
#    默认写法   column_rule={ column1, column2, column3 }
#    需要顺序调整或者字段拼凑的写法 { column1:"4001000{1}", column2:"{5}abc{6}",
column3:"{2}&&&{3}&&&{4}" }
#      假设一行数据最终会被解析出{ col1, col2, col3, col4, col5, col6, col7 } 共
7 列，那么规则如下
#      第一个字段名为 column1，使用了{1}，也就是 CSV 解析出的第一列，前面加上 4001000
进行拼凑，
#      第二个字段名为 column2，使用了{5}、{6}，并在其中间加上 abc
#      第三个字段名为 column3，使用了{2}、{3}、{4}，并在这三者之间加上&&&进行拼凑
#         则最终该行会被转换成 { 4001000col1, col5abccol6, col2&&&col3&&&col4 } 进
行插入
#若需要插入"{1}"，则添加'\\'进行转义即可，如"abc\{1}def"会被解析成"abc{1}def"而
不是"abccol1def"
column_rule={cthphm:"{1}",cwhphm:"{2}",cthpys:"{3}",cwhpys:"{4}",hpzl:"
{5}",gcsj:"{6}",rksj:"{7}",kdbh:"{8}",cdbh:"{10}",csys:"{11}",cllx:"{12
}",clpp:"{13}",clsd:"{16}",sbbh:"{17}",fxbh:"{18}",tp:"{20}&#^!@^#&{21}
&#^!@^#&{22}&#^!@^#&{23}&#^!@^#&{24}",hpyz:"{27}",sp:"{32}",clwx:"{33}"
,byzd1:"{34}",byzd2:"{35}",byzd3:"{36}"}
sync_start_time=2014-06-02 22:00:00
sync_interval_time=30
merge_size=10000
ingore_insert_error=1
```

src_table：db2 是已配置的 CSV 数据源，冒号后面的是文件名的正则表达式。.*\.txt 表示当前目录下以.txt 结尾的文件是需要抽取的数据文件。

column_head：CSV 文件内容第一行是否为列名，1 表示第一行是列名，抽取时将跳过这行。其他值表示第一行不是列名，从第一行开始抽取数据。

read_file_count：每次抽取时最多读取多少个文件。剩余的文件将会在下一次抽取。

column_rule：CSV 文件的列与目标表的字段名的对应关系。cthphm:"{1}"表示 CSV 文件的第一列对应目标表的 cthphm 字段。

tp:"{20}&#^!@^#&{21}&#^!@^#&{22}&#^!@^#&{23}&#^!@^#&{24}"，表示 CSV 文

件的第 20 列到 24 列用"&#^!@^#&"拼接起来，共同作为目标表的 tp 字段的值。

更复杂的用法请参考配置文件模板。

5. 同步信息表介绍

SYNCD 会把每一次抽取的过程信息记录到同步信息表中，同步信息表分为同步信息历史表(scs_sync_info_table_offline)和同步信息在线表(scs_sync_info_table_online)，用于记录数据抽取过程中的重要信息。

1) 同步信息历史表

同步信息历史表所存储的是历史同步信息。记录了同步任务的每一次抽取的过程信息，包括抽取的开始时间、结束时间，抽取的数据量、抽取速度、抽取结果等信息。以下介绍 scs_sync_info_table_offline 表字段信息。

sync_sequence：自增 id，唯一标识每次执行的同步任务记录。

scssync_id：同步实例 id，也就是配置文件中的 syncd_id 值。

synctask_id：同步任务的 id，即为配置文件中的[syncX]。

sync_producer：本次同步任务的产生者，1 为由正常抽取产生，2 为由重抽产生。

sync_type：同步方式，与配置文件中的 sync_type 的值对应。

src_db：源库，名称对应配置文件中的 db 配置域。

src_table：源表表名。

src_update_column：源表的更新标志字段。

dst_db：目标库，名称对应配置文件中的 db 配置域。

dst_table：目标表表名。

dst_update_column：目标表更新标志字段。

select_statement：从源表查询数据的查询语句。

start_time：开始时间。

end_time：完成时间。

temp_table_name：临时表名。

status：增量抽取的相关状态码；0 表示正在执行抽取过程；1 表示本次增量抽取成功；2 表示本次增量抽取失败；3 表示重抽最近数据只分析不检查；其他为自定义状态码。

status_statement：status 状态码的相关详细信息；如 status 为 2 时，该字段为失败的相关信息；status 为 1 时，该字段为是否有忽略插入错误。

sync_min：本次抽取的下限值。

sync_max：本次抽取的上限值。

ignore_insert_error：此次抽取是否忽略插入错误。

package_num：组装成 SCSQL 语句的数据行数。

read_num：从源表中成功读取的数据行数。

write_num：向目标表中成功写入的数据行数。

read_speed：读数据的速度，每秒读取多少条。

write_speed：写数据的速度，每秒写多少条。

byzd1、byzd2、byzd3：备用字段。后续扩展用。

2）同步信息在线表

同步信息在线表所存储的都是当前正在执行的同步任务的信息，每当一个任务开始就会把同步任务信息写入同步信息在线表，在同步任务完成后则会把对应的同步任务信息从在线表转移到历史表。通过查阅该表内容，可以知道当前都有哪些任务是正在执行的，并且可以方便地得出其同步任务 ID、源表、目标表等信息。scs_sync_info_table_online 表跟 scs_sync_info_table_offline 表的字段一致，故不再单独介绍。

6. 同步任务检查

可以通过监控同步任务产生的日志来检查同步任务是否运行正常。每个同步实例执行时都会有同步日志产生。如果用户没有配置 global 配置域中的 log_path 配置项，那么日志存储在/var/scs/logs/sync/log_{syncid}/syncd.log 文件中(其中 log_{syncid}中的{syncid}为配置文件中 syncd_id 配置项的值)；如果用户配置了 log_path，比如配置 log_path=/home/log，那么日志存储在/home/log/log_{syncid}/syncd.log 文件中。下面以一个 st_all 同步任务的日志为例来进行说明。

1）检查数据库是否连接成功

· 连接日志库

Connect the log database success 标志连接日志库成功。

```
[] 08/18/2017 17:26:00 INFO - [TaskManager] task[sync0] startup.
[] 08/18/2017 17:26:00 INFO - Start sync catchinfo table data...
[] 08/18/2017 17:26:00 INFO - [sync info table log] Init success
[] 08/18/2017 17:26:00 INFO - Connect the log database success
```

· 连接目标库

Connect the target database success 标志连接目标库成功。

```
[] 08/18/2017 17:26:00 INFO - Connect the target database...
[] 08/18/2017 17:26:00 INFO - Connect 192.168.0.91:2200 [hcloud]...
[] 08/18/2017 17:26:00 INFO - Connect the target database success
```

· 连接源库

Connect the source database success 标志连接源库成功。

```
[] 08/18/2017 17:26:00 INFO - Connect the source database...
[] 08/18/2017 17:26:00 INFO - Connect the source database success
```

2）查询是否需要抽取数据

Query table update time 表示查询源表的更新时间，从下面一句日志可以看出，没有查询出源表的更新时间，因此需要根据源表和目标表的数据量来判断是否需要更新数据。经过查询之后得到结果 Data has been change。因此需要进行数据抽取。如果没有数据改变，该同步任务直接结束。

```
[] 08/18/2017 17:26:01 INFO - Query table update time...
[] 08/18/2017 17:26:01 INFO - Query table update time result is empty(no
data or can not get), try to check the count of src and dst tables
```

```
[] 08/18/2017 17:26:01 INFO - Query the count of targe table...
[] 08/18/2017 17:26:01 INFO - SCSDB query 'select count(*) from catchinfo'
[] 08/18/2017 17:26:01 INFO - SCSDB query success
[] 08/18/2017 17:26:01 INFO - The count of targe table is 0
[] 08/18/2017 17:26:01 INFO - Query the count of source table...
[] 08/18/2017 17:26:01 INFO - The count of source table is 13039
[] 08/18/2017 17:26:01 INFO - Data has been change
```

3) 检查数据抽取过程是否出错

• 建立临时表

Create temp table success 标志建立临时表成功，为下一步数据抽取做准备。

```
[] 08/18/2017 17:26:01 INFO - Create temp table...
[] 08/18/2017 17:26:01 INFO - SCSDB query 'create table
catchinfo_scssync2345_20170818172601 like catchinfo'
[] 08/18/2017 17:26:01 INFO - SCSDB query success
[] 08/18/2017 17:26:01 INFO - Create temp table success
[] 08/18/2017 17:26:01 INFO - Disable temp table keys...
[] 08/18/2017 17:26:01 INFO - SCSDB query 'alter table
catchinfo_scssync2345_20170818172601 disable keys'
[] 08/18/2017 17:26:01 INFO - SCSDB query success
[] 08/18/2017 17:26:01 INFO - Disable temp table keys success
```

• 数据查询

Query data source success 标志源表查询数据成功。

```
[] 08/18/2017 17:26:01 INFO - Query data source...
[] 08/18/2017 17:26:01 INFO - select * from student_src
[] 08/18/2017 17:26:01 INFO - Query data source success
```

• 数据抽取

Migrate record success 标志数据抽取到临时表成功。

```
[] 08/18/2017 17:26:01 INFO - Start migrate record...
[WriteThread] 08/18/2017 17:26:11 INFO - Write thread[0] begin
[WriteThread] 08/18/2017 17:26:18 INFO - Write thread[1] begin
[ReadThread] 08/18/2017 17:26:22 INFO - Read thread start
[WriteThread] 08/18/2017 17:26:22 INFO - Write thread[2] begin
[WriteThread] 08/18/2017 17:26:22 INFO - Write thread[2] start work
[WriteThread] 08/18/2017 17:26:22 INFO - Write thread[2] execute 1 sql
success, affected rows is : 2.
[] 08/18/2017 17:26:24 INFO - Migrate record success
```

• 表合并过程

Merge tmp table success 标志表合并成功。

```
[] 08/18/2017 17:26:24 INFO - Start merge tmp table...
[] 08/18/2017 17:26:24 INFO - SCSDB query 'alter table catchinfo rename to
catchinfo_scssync2345_backup'
[] 08/18/2017 17:26:24 INFO - SCSDB query success
[] 08/18/2017 17:26:24 INFO - SCSDB query 'alter table
catchinfo_scssync2345_20170818172601 rename to catchinfo'
[] 08/18/2017 17:26:24 INFO - SCSDB query success
[] 08/18/2017 17:26:24 INFO - SCSDB query 'drop table if exists
catchinfo_scssync2345_backup'
[] 08/18/2017 17:26:24 INFO - SCSDB query success
[] 08/18/2017 17:26:24 INFO - Merge tmp table success
```

4) 检查抽取是否结束

task[sync1] complete 标志本次同步任务完成。

```
[] 08/18/2017 17:26:24 INFO - [sync info table log] End success
[] 08/18/2017 17:26:24 INFO - [TaskManager] task[sync0] complete.
[] 08/18/2017 17:26:24 INFO - [TaskManager] tasklist:
sync1  2017-08-18 17:28:00 120
```

7.6 使用 Kettle 进行数据抽取

7.6.1 Kettle 介绍

Kettle 是一款国外开源的 ETL 工具，可在 Windows、Linux、Mac OS 上运行。Kettle 提供图形化界面，采用可视化的方式构建数据抽取任务，操作简便，容易上手，并且支持多种数据源，功能强大，可以根据需求建立复杂的 ETL 模型。

7.6.2 Kettle 的安装

本例选择 7.0 版本的 Kettle：pdi-ce-7.0.0.0-25.zip。7.0 版本的 Kettle 需要 1.7 以上版本的 jdk 支持。准备好 Windows 下的 jdk1.7 和 Linux 下的 jdk1.7 用于后续的安装。由于本例采用 JDBC 驱动连接数据库，所以还需要准备好 Oracle、MySQL 和 SQL Server 的 JDBC 驱动。

1) 在 Windows 下安装

(1) 安装好 jdk1.7 并设置环境变量。

(2) 解压 pdi-ce-7.0.0.0-25.zip(本例解压到 D:\目录下)。

(3) 把常用数据库的 JDBC 驱动复制到 Kettle 解压目录的 lib 目录下(D:\pdi-ce-7.0.0.0-25\data-integration\lib)。

2) 在 Linux 下安装

推荐在 CentOS6、Ubuntu12.04 及以上版本的系统上安装 Kettle。

(1) 安装好 jdk1.7 并设置环境变量。

(2) 解压 pdi-ce-7.0.0.0-25.zip(本例解压到/home 目录下)。

(3) 把常用数据库的 JDBC 驱动复制到解压目录的 lib 目录下(/home/pdi-ce-7.0.0.0-25/data-integration/lib)。

(4) 安装 libwebkitgtk。该库是 Linux 下 GTK 平台的网页渲染引擎库,Kettle 在 Linux 环境下运行时依赖该库。如果采用 CentOS6 系统,则使用 yum install libwebkitgtk 命令安装 libwebkitgtk 库;如果采用 Ubuntu 系统,则使用 apt-get install libwebkitgtk-1.0.0 命令安装 libwebkitgtk 库。

7.6.3　Kettle 的使用

Kettle 任务分为转换和作业两种。转换主要用于从数据源转移和转换多行数据到数据目标。作业则实现更高层次的流程控制,主要用于执行转换、实施调度、发送邮件、上传文件等操作。

下面在 Windows 环境下说明 Kettle 的使用。进入软件解压目录,双击 Spoon.bat,打开应用界面(其他系统运行 Spoon.sh)。Spoon 是一个图形化的界面,可以快速直观地建立转换和作业,也可以运行已有的转换和作业。

1. 以 SCSDB 为源抽取数据

下面通过一个例子来讲解如何建立一个转换,同时演示如何以 SCSDB 为源,把数据抽取到其他数据库中。

1) 建立转换

依次点击文件、新建、转换建立一个转换文件,如图 7-9 所示。

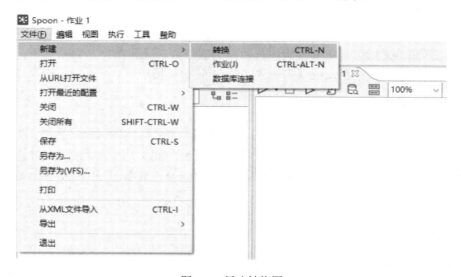

图 7-9　新建转换图

这样一个转换就建立成功了。然后依次点击文件、保存按钮(或者直接按 CTRL+S)保存新生成的转换文件,如图 7-10 所示。

本例把生成的转换 t1.ktr 保存到 E:\kettle 中,转换文件的后缀名是 ktr(ktr 是 kettle

transformation 的缩写)。

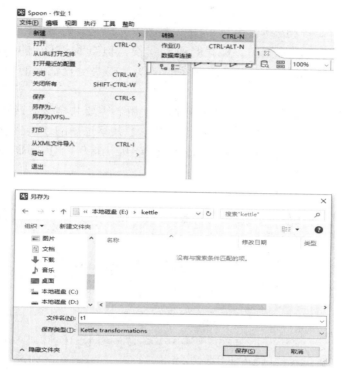

图 7-10　保存转换图

2) 建立 SCSDB 连接

依次点击文件、新建、数据库连接，弹出数据库连接窗口，如图 7-11 所示。

图 7-11　数据库连接图

由于 SCSDB 兼容了 MySQL 协议，因此可以采用 MySQL 的驱动，连接类型选择 MySQL，连接方式选择 JDBC。然后输入其他参数，如图 7-11 所示。输入完毕，点击测试按钮，如果弹出连接成功窗口，说明该连接建立成功。如果弹出连接错误的窗口，可以根据错误消息排查出错原因。如果是驱动错误，检查 MySQL 的 JDBC 驱动是否复制到了 lib 目录下；如果是无法连接数据库的错误，需要检查输入的用户名等各项参数是否正确。

为了使该数据库连接能够被其他转换和作业使用，需要共享该数据库连接。在主对象树 DB 连接中找到刚才创建的连接，右键点击共享。共享过后的连接变成加黑字体。按照相同的方式建立一个其他数据库的连接，本例选择 192.168.0.17 上的 Oracle 数据库，建立成功之后同样共享该连接。

3）新建步骤

选择核心对象，点击输入，选择"表输入"，并拖动到右侧的工作区域中，如图 7-12 所示。

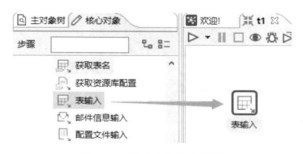

图 7-12　新建表输入步骤图

双击表输入，弹出如下窗口，如图 7-13 所示。

图 7-13　编辑表输入步骤图

数据库连接选择上一步创建的 192.168.0.91。SQL 输入 select * from catchinfo,这是去源库查询数据的 SCSQL 语句,其中表 catchinfo 是在 SCSDB 的 hcloud 库中已经存在的表。

然后点击预览按钮,如果可以预览到表 catchinfo 的数据,说明表输入步骤无误。点击确定按钮关闭表输入窗口。

接着新建一个表输出步骤。选择核心对象中的输出、表输出,拖动到工作区,然后双击表输出,如图 7-14 所示。

图 7-14　新建表输出图

数据库连接选择 Oracle 数据库 192.168.0.17。目标表输入 Oracle 库中已经存在的 CATCHINFO 表,该表的表结构需要和表输入中源库(SCSDB)的 catchinfo 表相同。

4) 新建节点连接

接着,从表输入到表输出建立一个节点连接,具体操作为鼠标放到表输入上,然后同时按住 shift 和鼠标左键,移动鼠标,这时产生一个从表输入指出的箭头,把鼠标移动到表输出上,松开鼠标左键,再松开 shift 键即可,如图 7-15 所示。

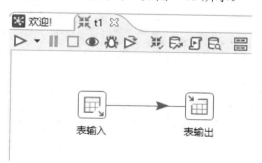

图 7-15　新建节点连接图

5) 运行转换

运行转换有两种方式。可以在 Spoon 界面中运行转换，也可以使用脚本命令执行转换。

依次点击菜单栏的执行、运行就可以执行转换。或者点击工作区上方的三角图标也可以执行转换，如图 7-16 所示。

图 7-16　运行转换按钮图

也可以使用脚本命令执行转换。如果是在 Windows 系统下，首先进入 Kettle 解压目录，然后执行 Pan.bat 脚本。/file 指定转换文件。

```
> cd D:\pdi-ce-7.0.0.0-25\data-integration
> Pan.bat /file=E:\kettle\t1.ktr
```

如果是在 Linux 系统下，使用 pan.sh 执行转换。-file 指定转换文件。

```
# cd /home/kettle/pdi-ce-7.0.0.0-25/data-integration
# ./pan.sh -file=/home/kettle/t1.ktr
```

本例采用界面运行转换的方式。点击图 7-16 所示的运行按钮。运行转换，弹出执行转换窗口，然后点击启动。等到所有步骤右上角都有对号，并且执行结果日志中显示转换完成，说明转换执行完毕且没有发生错误。如果某一个步骤运行出错，可以去日志中查看详细的错误原因，如图 7-17 所示。

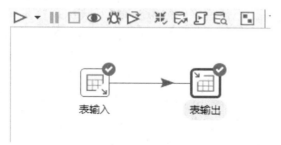

图 7-17　转换步骤执行完毕图

执行完毕后去目标库 Oracle 中查看数据是否成功导入，如果目标表数据和源表一致，说明数据抽取成功。

2. 以 SCSDB 为目标抽取数据

下面通过一个例子来讲解如何建立一个作业，同时演示如何把其他数据库中的数据抽取到 SCSDB 中。

1) 编辑转换

依次点击文件、打开，打开上个章节建立好的转换 t1.ktr。目的是把 Oracle 库的

CATCHINFO 表数据抽取到 SCSDB 的 catchinfo 表中。

　　首先删除 SCSDB 中 CATCHINFO 表的数据(具体操作在此省略)，然后编辑表输入，如图 7-18 所示。

图 7-18　编辑表输入图

　　把数据库连接改为 Oracle 数据库连接，点击确定关闭窗口。然后编辑表输出如图 7-19 所示。

图 7-19　编辑表输出图

数据库连接选择 SCSDB 连接 192.168.0.91 即可。然后点击确定关闭窗口，保存该转换。

2) 新建作业

依次点击文件、新建、作业，新建一个作业 j1，然后保存该作业，如图 7-20 所示。

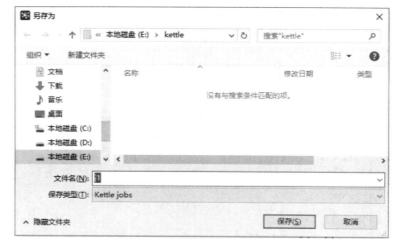

图 7-20　保存作业图

作业的后缀名是 kjb，是 kettle job 的缩写。

3）设计作业

由于每一个作业必须要有一个 START 步骤，因此需要先新建一个 START 步骤，然后新建一个转换，最后建立一个从 START 到转换的数据节点连接，如图 7-21 所示。

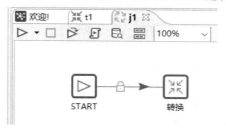

图 7-21　新建 START 和转换步骤图

接着双击转换，打开转换编辑窗口，如图 7-22 所示。

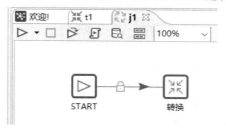

图 7-22　选择转换文件图

点击转换图标按钮，选择之前编辑的转换 t1.ktr。由于 t1.ktr 位于该作业文件保存路径下，因此 Kettle 使用系统变量${Internal.Job.Filename.Directory}(代表该作业文件所在路径)表示转换文件的路径。点击确定关闭转换窗口。

然后双击 START 打开作业定时调度窗口，如图 7-23 所示。

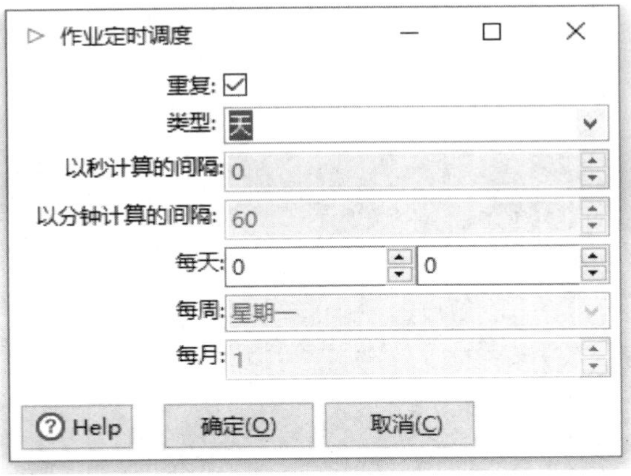

图 7-23　设置作业定时调度图

勾选重复，类型选择天，设置每天为 0 时 0 分，表示每天 0 时 0 分执行该作业。这样该任务就能每天定时重复执行。至此一个简单的作业就创建完毕。

4) 运行作业

运行作业有两种方式。可以直接点击 Spoon 界面的三角形运行按钮来运行作业。同运行转换一样，也可以使用脚本命令执行作业。

如果是在 Windows 系统下，使用 Kitchen.pat 脚本执行作业。/file 指定作业文件。

```
> cd D:\pdi-ce-7.0.0.0-25\data-integration
> Kitchen.bat /file=E:\kettle\j1.kjb
```

如果是在 Linux 系统下，使用 kitchen.sh 脚本执行作业。-file 指定作业文件。

```
# cd /home/kettle/pdi-ce-7.0.0.0-25/data-integration
# ./kitchen.sh -file=/home/kettle/j1.kjb
```

需要注意的是，由于作业 j1.kjb 引用了转换 t1.ktr，因此这两个文件需要放在同一个文件夹中作业才能正常运行。

本例采用界面方式运行 j1.kjb。点击 Spoon 界面的运行按钮，弹出执行作业窗口，点击执行按钮继续。作业开始执行，等到所有步骤右上角出现绿色对号并且日志显示任务已经结束，表示该作业运行完毕且没有发生错误。如果发生错误可以去日志中查看错误消息。

执行完毕，去 SCSDB 中查询表 catchinfo，如果数据和 Oracle 中表 CATCHINFO 的数据一致，说明作业执行成功。

本 章 小 结

本章重点介绍了如何将数据导入天云星数据库(SCSDB)以及如何将 SCSDB 数据进行

导出操作，包括 SOURCE 命令导入、LOAD DATA 命令导入、客户端重定向导出功能，以及利用易镜助手实现数据的导入/导出功能。这些是简单的、一次性的全量导入与导出，而 SYNCD 命令则可以将多种数据源的数据按不同的增量策略抽取到 SCSDB。在导入/导出的操作过程中，Kettle 则提供了图形化界面，从而使用户可以采用可视化的方式构建数据抽取任务，并根据实际应用需求建立复杂的 ETL 模型。

附录 A SCSDB 的数据类型

  通常每一个 SCSDB 数据库均由多张数据表组成，而行和列是每一个数据表的基本组成部分。列通常被称为字段，创建表的过程中将会对字段进行声明，以确定使用什么数据类型。而数据类型的确定主要取决于对这个字段将会采取什么样的运算，以及该字段的取值范围是否符合需要的长度，实际使用当中尽量遵循合理使用、经济节约的原则。

  由于 SCSDB 对不同的数据类型会有不同的处理方式，而每种处理方式对性能的影响都会有所不同，因此如何根据实际业务，并结合 SCSDB 的特性，合理选择数据类型，从而使数据库性能达到最佳状态显得非常重要。

  本部分重点介绍在 SCSDB 使用过程中将会用到的数据值类别以及数据类型，并指出使用过程中通常会遇到的一些问题等。

A.1 数据值类别

1. 字符串值

字符串指用单引号(' ')或双引号(" ")引起来的字符序列。例如：

'string test'

"string test 2"

  一般建议使用单引号，首先在 SCSQL 语言标准中规定使用单引号，其次，在 SCSDB 中单引号适用范围比双引号广，例如在查询语句中所支持的一般为单引号字符串语句。

  在字符串中，某些序列具有特殊含义。这些序列均用反斜线('\')开始，即所谓的转义字符。SCSDB 识别如表 A-1 所示的转义序列。

表 A-1 SCSDB 的转义序列

转义序列	含　义
\0	ASCII 0(NUL)字符
\'	单引号(' ')
\"	双引号(" ")
\b	退格符
\n	换行符
\r	回车符
\t	tab 字符，水平制表 HT

续表

转义序列	含　　义
\Z	ASCII 26(控制(Ctrl)-Z)，该字符可以编码为 '\Z'，以允许用户解决在 Windows 中 ASCII 26 代表文件结尾这一问题
\\	反斜线('\')字符
\%	'%'字符(参见表后面的注解)
_	'_'字符(参见表后面的注解)

这些序列对大小写敏感。例如，'\b' 解释为退格，但 '\B' 解释为 'B'。

'\%' 和 '_' 序列用于搜索可能会解释为通配符的模式匹配环境中的 '%' 和 '_' 文字实例。注意如果用户在其他环境中使用 '\%' 或 '_'，它们返回字符串 '\%' 和 '_'，而不是 '%' 和 '_'。

在其他转义序列中，反斜线被忽略。也就是说，转义字符解释为仿佛没有转义。

2. 数值

整数用一系列阿拉伯数字表示。浮点数使用 '.' 作为整数和小数部分的间隔符。整数和浮点数均在前面加一个 '−' 来表示负值。

合法整数的例子：124，0，−65。

合法浮点数的例子：12.35，−32.54e+10，236.0。

3. 时态(日期/时间)值

SCSDB 的时态值包括日期值和时间值，以及日期时间的组合值。标准 SCSQL 格式规定，输入日期或显示日期的时候，将按照"年-月-日"的顺序来进行读取或显示，SCSDB 对日期的处理就是按照标准 SCSQL 的规定进行。

输入时间值或者日期时间组合值的时候，SCSDB 允许在时间后面紧跟一个小数形式的秒，比如 '2017-07-28 09:57:38.000045' 或 '09:58:38.6'，小数点后允许的精度可以为 6 位，不过需要注意的是，在存储的时候，小数点后的数将被舍弃(具体可参考下节日期/时间数据类型的介绍)。

对于日期时间的组合值，可以允许在日期和时间之间加一个字符 't' 或者 'T'(大小写不区分)，所以对于组合值正常的输入可以有 '2017-02-08t18:18:17'，'2017-02-08T18:18:17' 或者 '2017-02-08 18:18:17' 三种形式。

如果想要输出或者获得想要的日期或时间类型，可以参考时间函数部分。

4. 空值 NULL

NULL 是一个"没有类型"的值。它通常用来表示"没有数据"、"数据未知"、"数据缺失"、"数据超出取值范围"、"对本数据列不适用"、"与本数据列的其他值不同"等含义。可以把 NULL 值插入数据表，可以从数据表检索它们，可以测试某个值是不是 NULL。但不能对 NULL 进行数学运算，计算结果将永远是 NULL。此外，有许多函数会在用户使用 NULL 值或非法参数调用它们时返回 NULL。

在写 NULL 的时候，不需要使用引号，也不必区分字母的大小写情况。

在 SCSDB 中，NULL 对于一些特殊类型的列来说，其代表了一种特殊的含义，而不仅仅是一个空值。对于这些特殊类型的列，主要是要记住两个。一个就是 timestamp 数据类型。如果往这个数据类型的列中插入 NULL 值，则其代表的就是系统的当前时间。另外一个是具有 auto_increment 属性的列。如果往这属性的列中插入 NULL 值的话，则系统会插入一个正整数序列。而如果在其他数据类型中，如字符型数据的列中插入 NULL 的数据，则其插入的就是一个空值 NULL。

空值 NULL 在 SELECT 查询时如果要判断某个字段是否为空，需要使用特殊的关键字 IS NULL 和 IS NOT NULL，前者表示这个字段为空，后者表示这个字段为非空。在 SELECT 语句的查询条件中这两个关键字非常的有用。

COUNT 等统计函数，在空值 NULL 上也有特殊的应用。例如现在需要统计用户信息表中有电话号码的用户数量，此时就可以使用 COUNT 函数，同时将电话号码作为参数来使用。因为在统计过程中，这个函数会自动忽略空值 NULL 的数据。此时统计出来的就是有电话号码的用户信息。如果采用的是空字符的数据，则这个函数会将其统计进去。

请注意 NULL 值不同于数字类型的 0 或字符串类型的空字符串。空字符串通常在 SCSDB 中表示为 ''，在下文 enum 和 set 类型中可以对空字符串和 NULL 值稍作区分。

A.2　数 据 类 型

在 SCSDB 中，有三种主要的数据类型：数值、数字和日期/时间类型。下面将详细地描述它们的定义、说明、每种类型的存储空间和取值范围，以及一些使用注意事项等。在表格中，方括号[]表示可选信息，即可省略内容。

1. 数值类型

SCSDB 的数值数据类型可以大致划分为两个类别，一类是精确值类型，另一个是浮点类型。精确值类型又主要分整数类型和定点类型 decimal，如表 A-2 所示。

表 A-2　SCSDB 的数值类型

类型定义	类型说明	存储空间	取 值 范 围
tinyint[(m)]	非常小的整数	1 字节	带符号：$-128 \sim 127(-2^7 \sim 2^7-1)$ 无符号：$0 \sim 255(0 \sim 2^8-1)$
smallint[(m)]	较小整数	2 字节	有符号值：$-32\ 768 \sim 32\ 767(-2^{15} \sim 2^{15}-1)$ 无符号值：$0 \sim 65\ 535(0 \sim 2^{16}-1)$
mediumint[(m)]	中等大小整数	3 字节	有符号值：$-8\ 388\ 608 \sim 8\ 388\ 607(-2^{23} \sim 2^{23}-1)$ 无符号值：$0 \sim 16\ 777\ 215(0 \sim 2^{24}-1)$
int[(m)]	标准整数	4 字节	有符号值：$-2\ 147\ 683\ 648 \sim 2\ 147\ 683\ 647(-2^{31} 到 2^{31}-1)$ 无符号值：$0 \sim 4\ 294\ 967\ 295(0 \sim 2^{32}-1)$
bigint[(m)]	较大整数	8 字节	有符号值：$-9\ 223\ 372\ 036\ 854\ 775\ 808 \sim 9\ 223\ 372\ 036\ 854\ 775\ 807$ $(-2^{63} \sim 2^{63}-1)$ 无符号值：$0 \sim 18\ 446\ 744\ 073\ 709\ 551\ 615(0 \sim 2^{64}-1)$

续表

类型定义	类型说明	存储空间	取 值 范 围
float[(m, d)]	单精度浮点数	4 字节	最小非零值：$\pm 1.175494351e^{-38}$ 最大非零值：$\pm 3.402823466e^{38}$
double[(m,d)]	双精度浮点数	8 字节	最小非零值：$\pm 2.2250738585072014e^{-308}$ 最大非零值：$\pm 1.7976931348623157e^{308}$
decimal[(m[,d])]	限定精度的定点数	m+2 字节	可变，其值的范围依赖于 m 和 d； M 是数字的最大数(精度)，其范围为 1~65)；D 是小数点右侧数字的数目(标度)，其范围是 0~30，但不得超过 M

注：除了 decimal 中的参数 m 是表示小数的精度外，其他数据类型的参数 m 均表示为显示宽度。一个字节有 8 个位，8 个位可存储的数值为 2^8，所以 tinyint 的存储范围就是 −128 到 127(-2^7~2^7 − 1)(有符号)或 0 到 255(0 到 2^8 − 1)(无符号)，以此类推其他 int 数据类型。

1) 整数类型

整数类型有五种，分别是：tinyint、smallint、mediumint、int 和 bigint。int 为 integer 的缩写。这些类型主要用来存放没有小数部分的数字，除了所表示的值的取值范围和所需的存储空间不同，在其他方面很大程度上基本是相同的。

SCSDB 以一个可选的显示宽度(int[(m)]中(m)为可选的显示宽度)的形式对 SCSQL 标准进行扩展，这样当从数据库检索一个值时，可以把这个值加长到指定的长度。例如，指定一个字段的类型为 int(6)，就可以保证所包含数字少于 6 个的值从数据库中检索出来时能够自动地用空格填充。需要注意的是，使用一个显示宽度不会影响字段的大小和它可以存储的值的范围。当不使用显示宽度时，SCSDB 通常会默认设置一个该数值类型中字段的最长值的宽度。

如果需要对一个字段存储一个超出许可范围的数字，SCSDB 会根据允许范围最接近它的一端截断后再进行存储，一般会存储为取值范围的最大值。还有一个比较特别的地方是，SCSDB 会在不合规定的值插入表前将其自动修改为 0。

2) decimal 类型

decimal 数据类型表示形式为 decimal(m,d)，一般用于精度要求非常高的计算中，这种类型允许指定数值的精度和计数方法作为选择参数。精度在这里指为这个值保存的有效数字的总个数，而计数方法表示小数点后数字的位数。比如语句 decimal (5,3) 规定了存储的值不会超过 5 位数字，并且小数点后不超过 3 位。若插入的数据超过精度的大小，SCSDB 会从左往右截取符合 decimal 定义的数值。若插入的数据小于精度的大小，SCSDB 将会在小数点部分从右往左用 0 来补全至 m 位。

以下示例将演示 decimal 类型在 SCSDB 中的存储规则：

```
hcloud>create table test(a decimal(5,3)).
hcloud>insert into test
    ->values('12.628'),('12.62'),('12.6287').
hcloud>select * from test.
```

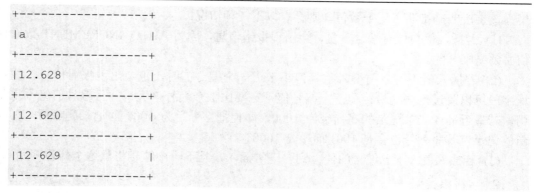

此外，decimal [(m[, d])]中，m，d 作为可选属性，若省略数据类型的精度 m 和小数位 d，SCSDB 数据库会默认将这个数据类型的字段精度设置为 10，小数位设置为 0，即 decimal 等同于 decimal(10,0)。则若只省略小数位，则 d 默认为 0，即 decimal(m)等同于 decimal(m,0)。

3) 浮点类型说明

浮点类型有两种，分别是 float 类型和 double 类型。float 数值类型用于表示单精度浮点数值，而 double 数值类型用于表示双精度浮点数值。

与整数一样，这些类型也带有附加参数：一个显示宽度和一个显示小数点后面数字的个数。比如语句 float(7,3)规定显示的值不会超过 7 位数字，小数点后面带有 3 位数字。

对于小数点后面的位数超过允许范围的值，SCSDB 会自动将它四舍五入为最接近它的值，再插入它。

4) 数值类型修饰符

在声明列的时候，根据不同的需要，可以为这些列添加额外的修饰符。不同的数据类型会有其特有的修饰符，但在这些修饰符之后，还可以添加所有的数据类型通用的修饰符，比如 NULL、NOT NULL、DEFAULT 等，此处只对特殊使用的修饰符进行介绍，如无特殊修饰符介绍，则默认为所有数据类型都支持 NULL 及 NOT NULL。

对于数值类型，如果列带有 NOT NULL 属性，则默认值为 0，如果列可以为 NULL，则默认值为 NULL。

SCSDB 中，数值类型特有的修饰符大致有 unsigned，zerofill，auto_increment 这几种。

unsigned 修饰符规定字段只保存正值。因为不需要保存数字的正、负符号，可以在存储时节约一个"位"的空间，从而增大这个字段可以存储的值的范围。unsigned 属性一般针对整型，但是也可以被 float、double 和 decimal 数据类型使用，并且效果与 int 数据类型相同，但取值范围不变。

zerofill 修饰符规定 0 (不是空格)可以用来填补输出的值，这样可以使列值按指定的显示宽度进行显示。使用这个修饰符可以阻止 SCSDB 存储负值。zerofill 修饰符可适用所有数值类型。

auto_increment 修饰符可以使字段进行自增，但该字段必须为主键或唯一索引字段，且只能用于整数类型。通常情况下会使用 auto_increment 来生成唯一标识符或者序列值，auto_increment 列默认指定列为 NOT NULL。而且需要注意是，若一个列添加了 auto_increment 修饰，当插入记录，没有为其明确指定值时，则 SCSDB 会将其设为 1。如果为该字段明确指明了一个数值，则会有以下三种情况：

(1) 若插入值与已有编号重复，会出现报错信息，因为 AUTO_INCREMENT 数据列的值必须是唯一的。

(2) 若插入值不与之前编号重复但小于上一个编号值时，也会出现报错信息，注意自增字段可以跳过一些编号，但下个编号值一定要比上个编号值大，并且编号值绝不重复使用。若最近插入一条记录的序列号为 1000，即使把序列号为 1000 的记录删除后，再插入新的记录，其序列号也会是 1001 而不是 1000。

(3) 若插入值大于已编号的值，则会正常插入，且下一个编号将从这个新值开始递增。

2. 字符串类型

SCSDB 暂不支持二进制字符串，其支持的字符串类型如表 A-3 所示。

表 A-3　SCSDB 字符串类型

类型定义	类型说明	存储空间	最大长度
char[(M)]	定长字符串	M 字节	M 字符(M 范围 0～255)
varchar(M)	变长字符串	L+2 字节	M 字符(M 范围 0～65535)
tinytext	非常小的非二进制字符串	L+1 字节	2^8-1 字符
text	小文本字符串	L+2 字节	$2^{16}-1$ 字符
mediumtext	中等大小的非二进制字符串	L+3 字节	$2^{24}-1$ 字符
longtext	大的非二进制字符串	L+4 字节	$2^{32}-1$ 字符
enum("value1", "value2" ,...)	枚举集合，数据列的取值是这个集合中的某一个元素	1 或 2 字节	65 535 个成员
set ("value1", "value2" ,...)	集合，数据列的取值是这个集合中的零个或多个元素	1、2、3、4 或 8 字节	64 个成员

注：M 代表数据列值的最大长度(二进制字符串以字节为单位，非二进制字符串以字符为单位)，L 代表某给定值以字节计算的实际长度，w 是相关字符集(utf8)里最"宽"的字符所占用的字节数。

1) char 和 varchar 说明

char 类型用于定长字符串，可以在圆括号内用一个大小修饰符来定义所需的长度。这个长度的范围从 0 到 255。比指定长度大的值将被截断，而比指定长度小的值将会用空格作填补。char[(M)]中，M 是可选的，当省略 M 时，其默认值为 1。

varchar 类型是 char 类型的一个变体。varchar 列中的值为可变长字符串，并且 varchar(M) 中 M 一定不能省略，必须为其指定一个长度为 0 到 65 535 之间的值(varchar 的最大有效长度由最大行大小和使用的字符集确定，整体最大长度是 65 532 字节)。

char 和 varchar 不同之处在于 SCSDB 处理这个长度的方式：char 把这个大小视为值的大小，长度不足的情况下就用空格补足。而 varchar 类型把它视为最大值并且只使用存储字符串实际需要的长度(增加一个额外字节来存储字符串本身的长度)来存储值。所以短于指定的长度的 varchar 类型不会被空格填补，但长于指定的值仍然会被截断。

在使用时，因为 varchar 类型可以根据实际内容动态改变存储值的长度，所以在不能确定字段需要多少字符时使用 varchar 类型可以大大地节约磁盘空间，提高存储效率。

2）text 说明

对于字段长度要求超过 255 个的情况下，SCSDB 提供了 text 类型，这些大型的数据类型主要用于存储文本块等大数据字符串。根据存储数据的大小，text 有不同的子类型，它们之间的主要区别在于它们所能容纳的字符串值的最大尺寸不同。一般根据列的排序规则依次比较各个字符。

3）enum 和 set 说明

enum 类型只允许在集合中取得一个值，有点类似于单选项。在处理相互排斥的数据时容易让人理解，比如人类的性别。enum 类型字段可以从集合中取得一个值或使用 NULL 值，除此之外的输入将会使 SCSDB 在这个字段中插入一个空字符串。如果将 enum 列声明为允许 NULL，NULL 值则为该列的一个有效值，并且默认值为 NULL；如果 enum 列被声明为 NOT NULL，其默认值为允许的值列的第 1 个元素；在没有声明是否为 NULL 值的情况下，则默认为 NULL，情况与声明为 NULL 值一致。

enum 类型在系统内部可以存储为数字，并且从 1 开始用数字做索引。一个 enum 类型最多可以包含 65 536 个元素，其中一个元素被 SCSDB 保留，用来存储错误信息，这个错误值用索引 0 或者一个空字符串表示。

下面这个示例演示了 enum 类型在 SCSDB 中的存储规则：

```
hcloud>create table test(id int,name enum('red','green','yellow')).
hcloud>insert into test values(1,'red').
hcloud>insert into test values(2,2).
hcloud>insert into test values(3,NULL).
hcloud>insert into test values(4,'blue').
hcloud>insert into test values(5,5).
```

查询全表数据，可以得到以下结果：

```
hcloud>select * from test.
+------------------+------------------+
|id                |name              |
+------------------+------------------+
|1                 |red               |
+------------------+------------------+
|2                 |green             |
+------------------+------------------+
|3                 |NULL              |
+------------------+------------------+
|4                 |                  |
+------------------+------------------+
|5                 |                  |
+------------------+------------------+
```

还可以通过数字检索的方式查看 enum 值的情况，该方式会显示枚举成员的序号(NULL

值没有序号，且空字符串显示序号为 0)，查询结果如下：

```
hcloud>select name,name+0 from test.

+----------------+------------------+
|name            |name+0            |
+----------------+------------------+
|red             |1                 |
+----------------+------------------+
|green           |2                 |
+----------------+------------------+
|NULL            |NULL              |
+----------------+------------------+
|                |0                 |
+----------------+------------------+
|                |0                 |
+----------------+------------------+
```

　　SCSDB 认为 enum 类型集合中出现的值是合法输入，除此之外其他任何输入都将失败。这说明通过搜索包含空字符串或对应数字为 0 的行就可以很容易地找到错误记录的位置。比如上例中，可以通过以下语句查询出失败输入的值：

```
hcloud>select * from test where name=''.

+----------------+------------------+
|id              |name              |
+----------------+------------------+
|4               |                  |
+----------------+------------------+
|5               |                  |
+----------------+------------------+
```

　　set 类型与 enum 类型相似但不相同。与 enum 类型相同的是，任何试图在 set 类型字段中插入非预定义的值都会使 SCSDB 插入一个空字符串。如果插入一个既有合法的元素又有非法的元素的记录，SCSDB 将会保留合法的元素，除去非法的元素。

　　若想要从 set 类型字段中找出非法的记录，只需查找包含空字符串或二进制值为 0 的行。

　　其中与 enum 类型不同并需要特别注意的是以下几点：

　　(1) set 类型可以从预定义的集合中取得任意数量的值。

　　(2) 当列带有 NOT NULL 修饰时，默认值为空字符串('')。

　　(3) set 类型与 enum 类型的数字表示也有所不同，从第一个元素开始(第一个元素对应于 0 位)，set 元素的数字值是以 2 的 0 到 n-1(n 为最后一个元素)次幂来计数。这和 set 类型的存储方式有关。一个 set 类型最多可以包含 64 项元素。在 set 元素中值被存储为一个分离的"位"序列，这些"位"表示与它相对应的元素。"位"是创建有序元素集合的一种简单而有效的方式，并且它还去除了重复的元素，所以 set 类型中不可能包含两个相同的元素。

下面这个示例演示了 set 类型的字符串形式及数字形式之间的关系：

```
hcloud>create table test2(s set('a','b','c','d','e')).
hcloud>insert into test2
    ->values('a'),(3),('a,b,c'),('2,3,4,5'),('b,f'),('').
hcloud>select s,s+0 from test2.
+------------------+------------------+
|s                 |s+0               |
+------------------+------------------+
|a                 |1                 |
+------------------+------------------+
|a,b               |3                 |
+------------------+------------------+
|a,b,c             |7                 |
+------------------+------------------+
|                  |0                 |
+------------------+------------------+
|b                 |2                 |
+------------------+------------------+
|                  |0                 |
+------------------+------------------+
```

4) 字符串类型修饰符

字符串类型特有的修饰符有 character set 和 collate，它们分别用于指定字符集和排序规则，适用所有的字符串数据类型。目前 SCSDB 中 character set 只支持 utf8，对应的 collate 只支持 utf8_bin，即使不进行指定，SCSDB 默认也会使用上述字符集及排序方式。

由于 SCSDB 只支持非二进制字符串，可以给这些字符串数据类型添加 binary 修饰，当用于比较运算时，这个 binary 修饰符使它们以二进制方式参与运算，而不是以传统的区分大小写的方式。在没有指定字符串类型是否为 NULL 或者 NOT NULL 时，一般默认为 NULL。

3. 日期/时间类型

SCSDB 提供了丰富的日期/时间类型，如表 A-4 所示。

表 A-4　SCSDB 日期/时间类型

类型定义	数 据 说 明	存储空间	取 值 范 围
Date	"yyyy-mm-dd" 格式表示的日期值	3 字节	"1000-01-01" 到 "9999-12-31"
time	"hh:mm:ss" 格式表示的时间值	3 字节	"-838:59:59" 到 "838:59:59"
datetime	"yyyy-mm-dd hh:mm:ss" 格式	8 字节	"1000-01-01 00:00:00"到"9999-12-31 23:59:59"

续表

类型定义	数 据 说 明	存储空间	取 值 范 围
timestamp	"yyyy-mm-dd hh:mm:ss"格式表示的时间戳值	4 字节	1970-01-01 00:00:00 到 2037-12-31 23:59:59
year[(M)]	"yyyy"格式的年份	1 字节	year(4)：1901 到 2155；year(2)1970 到 2069
Date	"yyyy-mm-dd"格式表示的日期值	3 字节	"1000-01-01"到 "9999-12-31"

1) date，time 和 year 说明

SCSDB 用 date 和 year 类型存储简单的日期值，使用 time 类型存储时间值。这些类型可以描述为字符串或不带分隔符的整数序列。如果描述为字符串，date 类型的值就是使用了连接号作为分隔符分隔，而 time 类型的值就是使用了冒号作为分隔符分隔。

需要注意的是，没有冒号分隔符的 time 类型值，将会被 SCSDB 理解为持续的时间，而不是时间戳。

SCSDB 还对日期的年份中的两个数字的值，或是 SCSQL 语句中为 year 类型输入的两个数字进行最大限度的通译。因为所有 year 类型的值必须用 4 个数字存储。SCSDB 试图将 2 个数字的年份转换为 4 个数字的值，把在 00～69 范围内的值转换到 2000～2069 范围内，把 70～99 范围内的值转换到 1970～1999 之内。如果 SCSDB 自动转换后的值不符合需要，则需输入 4 个数字表示的年份。

2) datetime 和 timestamp 说明

除了日期和时间数据类型，SCSDB 还支持 datetime 和 timestamp 这两种混合类型。它们可以把日期和时间作为单个的值进行存储。这两种类型通常用于自动存储包含当前日期和时间的时间戳。

如果对 timestamp 类型的字段没有明确赋值，或是被赋予了 NULL 值。SCSDB 会自动使用系统当前的日期和时间来填充它。对于已有的行，若将其修改成其他值的时候，timestamp 类型的字段也会自动更新成当前时间戳。

3) 日期/时间零值

在对日期/时间值进行修改时，如果插入的是一个非法值， SCSDB 就会把它替换为相应的零值。表 A-5 列出了各种日期/时间类型的零值，它们同时也是被声明为有 NOT NULL 属性的日期/时间数据列的默认值。

表 A-5　日期/时间类型的零值

类 型 定 义	零 值
date	'0000-00-00'
time	'00:00:00'
Datetime	'0000-00-00 00:00:00'
timestamp	'0000-00-00 00:00:00'
year	0000

4) 日期/时间值的使用

SCSDB 能够识别和使用多种格式的日期/时间值，包括它们的字符串形式和数值形式。表 A-6 列出了 SCSDB 所支持的各种日期/时间格式。

表 A-6 日期/时间类型的输入格式

类 型	允许输入的格式
datetime	'CCYY-MM-DD hh:mm:ss' 'YY-MM-DD hh:mm:ss' 'CCYYMMDDhhmmss' 'YYMMDDhhmmss' CCYYMMDDhhmmss YYMMDDhhmmss
date	'CCYY-MM-DD' 'YY-MM-DD' 'CCYYMMDD' 'YYMMDD' CCYYMMDD YYMMDD
time	'hh:mm:ss' 'hhmmss' hhmmss
year	'CCYY' 'YY' CCYY YY

其中的 CC、YY、MM.、DD、hh、mm、ss 分别代表世纪、年、月、日、时、分、秒。对于那些没有世纪部分(CC)的日期/时间格式，SCSDB 会根据上面所提到的规则来进行解释。如果是带分隔符的字符串格式，那就不必用"："和"-"来分隔日期或时间值中的各个部分，任何一种标点符号都可以用作日期/时间值中的分隔符。SCSDB 是根据上下文而不是分隔符来解释日期/时间值的。比如说，虽然人们习惯于使用"."来分隔时间值中的各个部分，但在需要使用日期值的场合，SCSDB 并不会把一个用"."分隔的值解释为时间值。此外，如果使用的是带分隔符的字符串格式，小于 10 的月份、日期、小时、分钟或秒就不用写成两位数字。比如说，下面这些日期/时间值就都是等价的：

'2012-02-03 05:04:09'

'2012-2-03 05:04:09'

'2012-2-3 05:04:09'

'2012-2-3 5:04:09'

'2012-2-3 5:4:09'

'2012-2-3 5:4:9'

对于日期/时间值里的前面的零，SCSDB 对字符串格式和数值格式的解释方法是不同的。比如说，字符串'001231'将被看做是一个 6 位数字的值，并被解释为 date 类型的'2000-12-31'或 timestamp 类型的'2000-12-31 00:00:00'。可是，数值 001231 却会被看做是 1231，对它的解释就有点复杂了。在这类场合，为了避免出现预想不到的后果，还是使用它的字符串形式'001231'或完整的数值形式(如果想输入的是一个 date 值，就应该写成 20001231，如果想输入的是一个 timetamp 值，就应该写成 200012310000)比较好。

在一般情况下，date、datetime 和 timestamp 类型上的赋值操作可以交叉互用。但必须清楚以下几个限制条件：

(1) 如果把一个 datetime 或 timestamp 值赋值给一个 DATE 数据列，它里面的时间值将被删除。

(2) 如果把一个 date 值赋值给一个 datetime 或 timestamp 数据列，SCSDB 将自动补足一个时间零值('00:00:00')。

(3) 不同的日期/时间类型有不同的取值范围。尤其是 timestamp 类型，它的取值范围只是从 1970 到 2037 而已。因此，如果你试图把一个早于 1970 年或晚于 2037 年的 timestamp 值赋值给一个数据列，就不能期待会得到一个合理的结果。

4．列的默认值

除了 text 类型或者带有 auto_increment 修饰符的列以外，可以使用 default def_value 子句来指定某一列的默认值。default 语句一般用于建表语句中，当创建新的一行时，如果没有明确地指定某个值，那么该列将被赋值为默认值 def_value(具体语法可参考数据表表管理章节关于 default 语句的介绍)。

当声明列的时候没有使用 default 语句来定义默认值，若该列允许为 NULL 值，则插入时会默认为 NULL，相反若该列不允许为 NULL 值，即该列没有默认值的时候，SCSDB 将会对不同数据类型的列进行处理，该列将会被设置成其对应的数据类型的隐含值，大致规则如下：

(1) 对于数值类型(不包含带有 auto_increment 修饰符的列)，其默认值为 0。对于 auto_increment 列，其默认值是下个序列号。

(2) 对于字符串类型(不包括 enum 和 set 类型)，其默认值为空字符串。对于 enum 类型，其默认值为允许的值列的第 1 个元素。对于 set 类型，当列带有 NOT NULL 修饰时，默认值为空集，等价于空字符串。

(3) 对于日期/时间类型，大部分情况下其默认值为该类型的零值(参考表 I-5 日期/时间类型的零值)。特殊情况是关于 timestamp 列，即使在插入语句中省略了该列，它也会自动设置为当前时间戳，并且在对其他列值进行修改操作的时候，该列也会自动更新为当前时间戳。

附录 B 公安交通警务大数据案例表结构

公安交通警务大数据案例表分别如表 B-1、表 B-2、表 B-3 所示。

表 B-1 号牌识别信息表(catchinfo)

字段名	数据类型	长度	允许为空	默认值	注 释
gcxh	varchar	30			过车序号;12 位地级市编码+10 位流水号
kdbh	varchar	30	YES		卡点编号
cdbh	varchar	10			车道编号;车辆行驶方向最左车道为 01,由左向右顺序编号;字典代码长度统一定为 10,便于扩展
gcsj	datetime	0	YES		过车时间;车辆经过卡口的时间,按照 yyyy-mm-dd hh: mm: ss 显示,上述时间以 24 小时计时,月日时分秒均采用两位表示,不足两位时前位补 0
hphm	varchar	15		-	号牌号码
hpys	varchar	10		4	号牌颜色;0—白色,1—黄色,2—蓝色,3—黑色,4—其他颜色
hpzl	varchar	10			号牌种类;按 GA24.7 编码
cthphm	varchar	15			车头号牌号码;车辆车头号牌号码,允许车辆车头号牌号码不全
cthpys	varchar	10			车头号牌颜色;0—白色,1—黄色,2—蓝色,3—黑色,4—其他颜色
csys	varchar	10			车身颜色;按 GA24.8 编码
tplx	varchar	10			图片类型;0-未知,1-url,2-id
tp	varchar	5120			图片;多组图片拼接成一个字符串,拼接符为 &#^!@^#&,格式如下:tp1&#^!@^#&tp2
splx	varchar	10			视频类型
sp	varchar	1024			视频;多组视频拼接成一个字符串,拼接符为 &#^!@^#&,格式如下:sp1&#^!@^#&sp2
clsd	int	11			车辆速度;单位 km/h,NO—无测速功能
cwhphm	varchar	15			车尾号牌号码;车尾号牌号码,允许车辆车尾号牌号码不全。不能自动识别的用"-"表示
cwhpys	varchar	10			车尾号牌颜色;0—白色,1—黄色,2—蓝色,3—黑色,4—其他颜色

续表

字段名	数据类型	长度	允许为空	默认值	注　释
cllx	varchar	10			车辆类型；按 GA24.4 编码
sbbh	varchar	30			设备编号；12 位管理部门 +4 位顺序号+2 位设备类型，设备类型编码：01:公路卡口设备 02:电子警察设备 03:固定测速设备 04:视频监控设备 05:移动电子警察 06:行车记录仪 09:其他电子监控设备
fxbh	varchar	10			方向编号；6 位区划代码+4 顺序号
clpp	varchar	10			车辆品牌；车辆厂牌编码(自行编码)
rksj	datetime	0			入库时间
hpyz	char	1			号牌一致；0—车头和车尾号牌号码不一致，1—车头和车尾号牌号码完全一致，2—车头号牌号码无法自动识别，3—车尾号牌号码无法自动识别，4—车头和车尾号牌号码均无法自动识别
clxs	int	11			车辆限速；单位 km/h
xszt	varchar	10			行驶状态；0—正常，1—嫌疑。按 GA408.1 编码，4602—在高速公路上逆行的，1603—机动车行驶超过规定时速 50%的，等等
clwx	varchar	10			车辆外形；车辆外形编码(自行编码)
byzd1	varchar	16			备用字段 1
byzd2	varchar	128			备用字段 2
byzd3	varchar	128			备用字段 3
sys_filename	varchar	128			导入文件名
sys_pch	int	11			导入批次号

表 B-2　机动车登记信息表(vehicle)

字段名	数据类型	长度	允许为空	默认值	注　释
xh	char	14	YES		机动车序号
hpzl	char	2	YES		号牌种类
hphm	varchar	15	YES		号牌号码
clpp1	varchar	32	YES		中文品牌
clxh	varchar	32	YES		车辆型号
clpp2	varchar	32	YES		英文品牌
gcjk	char	1	YES		国产/进口
zzg	char	3	YES		制造国
zzcmc	varchar	64	YES		制造厂名称

续表一

字段名	数据类型	长度	允许为空	默认值	注　　释
clsbdh	varchar	25	YES		车辆识别代号
fdjh	varchar	30	YES		发动机号
cllx	char	3	YES		车辆类型
csys	varchar	5	YES		车身颜色
syxz	char	1	YES		使用性质
sfzmhm	varchar	18	YES		身份证明号码
sfzmmc	char	1	YES		身份证明名称
syr	varchar	128	YES		机动车所有人
syq	char	1	YES		所有权
ccdjrq	datetime	0	YES		初次登记日期
djrq	datetime	0	YES		最近定检日期
yxqz	datetime	0	YES		检验有效期止
qzbfqz	datetime	0	YES		强制报废期止
fzjg	varchar	10	YES		发证机关
glbm	varchar	12	YES		管理部门
fprq	datetime	0	YES		发牌日期
fzrq	datetime	0	YES		发行驶证日期
fdjrq	datetime	0	YES		发登记证书日期
fhgzrq	datetime	0	YES		发合格证日期
bxzzrq	datetime	0	YES		保险终止日期
bpcs	int	2	YES		补领号牌次数
bzcs	int	2	YES		补领行驶证次数
bdjcs	int	2	YES		补/换领证书次数
djzsbh	varchar	15	YES		登记证书编号
zdjzshs	int	2	YES		制登记证书行数
dabh	varchar	12	YES		档案编号
xzqh	varchar	10	YES		管理辖区
zt	varchar	6	YES		机动车状态
dybj	char	1	YES		0-未抵押，1-已抵押
jbr	varchar	30	YES		经办人
clly	char	1	YES		1 注册 2 转入 3 过户
lsh	varchar	13	YES		注册流水号

续表二

字段名	数据类型	长度	允许为空	默认值	注　释
fdjxh	varchar	64	YES		发动机型号
rlzl	varchar	3	YES		燃料种类
pl	int	6	YES		排量
gl	float	5	YES		功率
zxxs	char	1	YES		转向形式
cwkc	int	5	YES		车外廓长
cwkk	int	4	YES		车外廓宽
cwkg	int	4	YES		车外廓高
hxnbcd	int	5	YES		货箱内部长度
hxnbkd	int	4	YES		货箱内部宽度
hxnbgd	int	4	YES		货箱内部高度
gbthps	int	3	YES		钢板弹簧片数
zs	int	1	YES		轴数
zj	int	5	YES		轴距
qlj	int	4	YES		前轮距
hlj	int	4	YES		后轮距
ltgg	varchar	64	YES		轮胎规格
lts	int	2	YES		轮胎数
zzl	int	8	YES		总质量
zbzl	int	8	YES		整备质量
hdzzl	int	8	YES		核定载质量
hdzk	int	3	YES		核定载客
zqyzl	int	8	YES		准牵引总质量
qpzk	int	1	YES		驾驶室前排载客人数
hpzk	int	2	YES		驾驶室后排载客人数
hbdbqk	varchar	128	YES		环保达标情况
ccrq	datetime	0	YES		出厂日期
hdfs	char	1	YES		获得方式
llpz1	char	1	YES		来历凭证1
pzbh1	varchar	20	YES		凭证编号1
llpz2	char	1	YES		来历凭证2
pzbh2	varchar	20	YES		凭证编号2
xsdw	varchar	64	YES		销售单位

续表三

字段名	数据类型	长度	允许为空	默认值	注 释
xsjg	int	8	YES		销售价格
xsrq	datetime	0	YES		销售日期
jkpz	char	1	YES		进口凭证
jkpzhm	varchar	20	YES		进口凭证编号
hgzbh	varchar	20	YES		合格证编号
nszm	char	1	YES		纳税证明
nszmbh	varchar	20	YES		纳税证明编号
gxrq	datetime	0	YES		更新日期
xgzl	varchar	256	YES		相关资料
qmbh	varchar	15	YES		前膜编号
hmbh	varchar	15	YES		后膜编号
bz	varchar	128	YES		备注
jyw	varchar	256	YES		校验位
zsxzqh	varchar	10	YES		住所行政区划
zsxxdz	varchar	128	YES		住所详细地址
yzbm1	varchar	6	YES		住所邮政编码
lxdh	varchar	20	YES		联系电话
zzz	varchar	18	YES		暂住居住证明
zzxzqh	varchar	10	YES		暂住行政区划
zzxxdz	varchar	128	YES		暂住详细地址
yzbm2	varchar	6	YES		暂住邮政编码
zdyzt	varchar	10	YES		自定义状态
yxh	varchar	14	YES		原机动车序号
cyry	varchar	30	YES		查验人员
dphgzbh	varchar	20	YES		底盘合格证编号
sqdm	char	12	YES		社区代码
clyt	char	2	YES		车辆用途
ytsx	char	1	YES		用途属性
dzyx	varchar	32	YES		电子邮箱
xszbh	varchar	20	YES		行驶证证芯编号
sjhm	varchar	20	YES		手机号码
jyhgbzbh	varchar	20	YES		检验合格标志
dwbh	varchar	14	YES		单位编号

表 B-3 驾驶证登记信息表(drivinglicense)

字段名	数据类型	长度	允许为空	默认值	注 释
dabh	char	12			档案编号
sfzmhm	varchar	18			身份证明号码
zjcx	varchar	15	YES		准驾车型
yzjcx	varchar	30	YES		原准驾车型
qfrq	datetime	0			下一清分日期
syrq	datetime	0	YES		下一审验日期
cclzrq	datetime	0			初次领证日期
ccfzjg	varchar	10	YES		初次发证机关
jzqx	char	1			驾证期限
yxqs	datetime	0			有效期始
yxqz	datetime	0			有效期止
ljjf	int	3			累积记分
cfrq	datetime	0	YES		超分日期
xxtzrq	datetime	0	YES		学习通知日期
bzcs	int	2			补证次数
zt	varchar	6			驾驶证状态
ly	char	1			驾驶人来源
jxmc	varchar	64	YES		驾校名称
jly	varchar	30	YES		教练员
xzqh	varchar	10			行政区划
xzqj	varchar	10	YES		乡镇区局
fzrq	datetime	0			发证日期
jbr	varchar	30	YES		经办人
glbm	varchar	12			管理部门
fzjg	varchar	10			发证机关
gxsj	datetime	0			更新时间
lsh	varchar	13	YES		流水号
xgzl	varchar	15	YES		相关资料
bz	varchar	256	YES		备注
jyw	varchar	256	YES		校验位
ydabh	char	12	YES		原档案编号
sqdm	varchar	12	YES		社区代码

续表

字段名	数据类型	长度	允许为空	默认值	注　释
zxbh	char	13	YES		证芯编号
xh	char	15			序号
sfzmmc	char	1	YES		身份证明名称
hmcd	char	1	YES		号码长度
xm	varchar	30	YES		姓名
xb	char	1	YES		性别 1 男 2 女
csrq	datetime	0	YES		出生日期
gj	char	3	YES		国籍
djzsxzqh	varchar	10	YES		登记住所行政区划
djzsxxdz	varchar	128	YES		登记住所详细地址
lxzsxzqh	varchar	10	YES		联系住所行政区划
lxzsxxdz	varchar	128	YES		联系住所详细地址
lxzsyzbm	varchar	6	YES		联系住所邮政编码
lxdh	varchar	20	YES		联系电话
sjhm	varchar	20	YES		手机号码
dzyx	varchar	30	YES		电子邮箱
zzzm	varchar	18	YES		暂住证明
zzfzjg	varchar	30	YES		暂住发证机关
zzfzrq	datetime	0	YES		暂住发证日期
sfbd	char	1	YES		是否本地
dwbh	varchar	14	YES		
syyxqz	datetime	0	YES		审验有效期止
xczg	char	1	YES	0	校车驾驶资格 1 有 0 无
xczjcx	varchar	15	YES		校车资格准驾车型
ryzt	char	1	YES		人员状态，0：正常；1：有吸毒记录
sxbj	char	1	YES		实习标记 1 是 2 否
xzcrq	datetime	0	YES		需转出日期
sxqksbj	char	1	YES		实习期考试标记 0 未参加 1 参加